班组安全 100 丛书

设备设施潜在隐患
事故分析精编

"班组安全 100 丛书"编委会　组织编写

U0305831

中国劳动社会保障出版社

图书在版编目（CIP）数据

设备设施潜在隐患事故分析精编/"班组安全 100 丛书"编委会组织编写. -- 北京：中国劳动社会保障出版社，2020

（班组安全 100 丛书）

ISBN 978-7-5167-4790-2

Ⅰ.①设… Ⅱ.①班… Ⅲ.①设备事故-事故分析 Ⅳ.①TB496

中国版本图书馆 CIP 数据核字（2020）第 227539 号

中国劳动社会保障出版社出版发行

（北京市惠新东街 1 号 邮政编码：100029）

*

北京市艺辉印刷有限公司印刷装订 新华书店经销

880 毫米×1230 毫米 32 开本 9 印张 210 千字

2020 年 12 月第 1 版 2020 年 12 月第 1 次印刷

定价：**28.00** 元

读者服务部电话：(010) 64929211/84209101/64921644

营销中心电话：(010) 64962347

出版社网址：http://www.class.com.cn

"班组安全100丛书"编委会

主编： 张力娜

编委：（按姓氏笔画排序）

马若莹　叶　军　司建中　刘　翔　刘丽华　闫长洪

张　平　张　鹏　张力娜　张金保　陈国恩　郑　煜

赵钰波　赵霁春　姚友胜　袁　晖　袁东旭　袁济秋

韩成光　舒江华

内容简介

　　班组是企业的基层单位，也是预防事故的前沿阵地。作为基层单位，班组是设备的操作者、设施的使用者，还是生产作业的具体实施者；作为事故预防的前沿阵地，班组要落实企业的各项规章制度，落实安全生产的各项措施，通过辨识危险，及时发现和消除隐患，从而保障设备设施的安全和生产安全。危险辨识要有方法，发现隐患要有本领。本书详细分析了几十个设备设施事故案例，介绍了如何辨识设备设施运行中的危险及发现设备设施隐患的途径，非常适合班组学习和使用，也可作为对班组长、班组成员进行安全培训的教材。

　　本书把班组生产作业中经常遇到的设备设施事故分为五类，即设备存在缺陷引发的事故、设备缺乏维护引发的事故、设备安全程度不高引发的事故、设施安全程度不高引发的事故、其他设备设施引发的事故。本书从班组的实际需要出发，通过事故相关情况、事故发生经过、事故原因分析、事故教训和相关知识的栏目，对每一起事故都进行了深入浅出的分析。本书在每一类事故之后，还有针对性地设置了班组应对措施和讨论，供班组安全学习使用，以加强设备设施管理，提高管理水平，避免和减少事故发生。

前言

随着科学技术的进步，工业化大生产应用于各行各业，机械、电子设备的广泛使用极大地提高了劳动生产率，也使工作环境日益得到改善。然而，工业化也带来了由于工作环境越来越复杂所产生的安全问题，要么不发生事故，要么会发生更加严重的事故。因此，生产方式的进步对作业人员安全意识的提高和安全习惯的养成提出了更高的要求。

俗话说"安全不安全，自己管一半"。有些伤害是操作者本人引发的事故造成的，有些伤害是他人引发的事故造成的。因此，管住自己违章的"手"，就能有效地减少事故的发生，在减少由此给自己带来的伤害的同时，也减少对别人的伤害。如果每个人都能做到这一点，事故的发生率就会大大降低。另外，如果掌握了充分的安全知识和应急避害技能，即使遇到了事故，人们也能有效地采取合理的措施，减少甚至避免伤害的发生。从这个角度讲，"安全不安全，自己管一半"可以改为"安全不安全，自己说了算"。

大量事实表明，许多刚参加工作的人员非常重视工作技能的学习，但却忽视了安全知识的掌握，非得经历一次事故才能真正明白安全生产的重要性。但是，一次安全生产事故有可能导致非常严重的后果，甚至使人遗憾终身。因此，企业一定要贯彻"安全第一、预防为主、综合治理"的方针，督促员工学习安全生产知识和技能，养成遵章守纪、不随意妄为的良好习惯，确保安全生产，从而保障企业、员工的切身利益。

"班组安全 100 丛书"以案例的形式，从事故预防的角度教育企业负责人和作业人员，从以往发生的事故中吸取教训，从而提高安全生产意识，以免重蹈事故伤害的覆辙。

"班组安全 100 丛书"共有十三个分册，分别是：

《班组安全管理经验和方法精编》《违章违纪与操作失误事故分析精编》《危险作业现场隐患事故分析精编》《设备设施潜在隐患事故分析精编》《生产班组亲历事故教训精编》《机械制造企业班组安全生产事故分析精编》《冶金企业班组安全生产事故分析精编》《矿山企业班组安全生产事故分析精编》《道路交通运输企业班组安全生产事故分析精编》《化工企业班组安全生产事故分析精编》《建筑企业班组安全生产事故分析精编》《企业负责人安全生产责任分析与事故预防精编》《企业管理人员安全生产责任分析与事故预防精编》。

丛书案例均选自真实发生的生产事故，有的还来自当事人的自述，按照企业培训和员工自学的使用要求进行分类，经过精心编排，具有很重要的参考意义，适合企业对员工的安全生产培训，有助于员工安全生产意识的提高。

编者

2020 年 12 月

目录

CONTENTS

一、设备存在缺陷引发的事故 /1

1. 换热器存在质量问题多次出现泄漏引起连环爆炸 /1

2. 砂光机未安装泄爆装置和自动报警装置发生粉尘爆炸 /6

3. 采样机设计安装存在缺陷未设置联锁装置导致机械伤害 /8

4. 中频感应熔炼炉未安装保护装置产生感应电压导致人员触电 /11

5. 锅炉制造安装和使用中存在缺陷常压锅炉发生爆炸 /14

6. 设备存在先天缺陷和质量问题氧气站罗茨鼓风机损毁 /17

7. 换热器封板存在假焊漏焊缺陷导致发生物体打击 /18

8. 压缩机出口管线强度不够焊接质量差导致试车爆炸 /22

9. 截止阀不符合国家标准底部脆断飞出导致液氨泄漏 /25

10. 离心机结构设计不完善平衡精度未达到要求发生闪爆 /27

11. 熔锌作业排烟口设置在室内引发一氧化碳中毒 /30

I

12. 硫酸储罐达不到强度刚度要求硫酸泄漏 /32

13. 工作窗焊接质量存在缺陷导致热力管线爆裂 /36

14. 建筑结构设计存在严重缺陷钢结构楼房整体倒塌 /38

15. 混凝土搅拌楼安装存在缺陷承载能力不足坍塌 /41

班组应对措施和讨论 /45

二、设备缺乏维护引发的事故 /53

16. 机泵高速运转中轴承严重损坏导致介质泄漏着火 /53

17. 供油一次阀盘根和阀体结合处燃油泄漏引发火灾 /56

18. 加料斗支撑梁松动继续生产人员被挤压至加料斗坑底 /59

19. 天车电机固定螺栓松动未能被及时发现导致物体打击 /62

20. 截止阀长期使用磨损严重未能及时更换被雷击着火 /65

21. 阀门存在故障煤气炉鼓风机防爆膜爆炸 /67

22. 气柜运行中密封油黏度降低活塞失效引发爆炸 /69

23. 人员作业时电动葫芦机械传动部件导绳器突然掉落 /75

24. 断电引起尿素装置停车蒸汽管道爆炸泄漏 /78

25. 更换真空断路器未将合闸闭锁装置恢复导致短路 /80

26. 空压机检修不及时润滑油产生积炭引发爆炸 /83

27. 未认真执行保养维护计划干燥箱积油部位起火 /85

28. 硫化氢应力腐蚀造成回流罐筒体封头产生裂纹导致爆炸 /88

29. 配电室电缆沟存有积水电缆外层绝缘层破损导致电缆被烧毁 /92

30. 使用达到报废标准的钢丝绳起吊作业物体坠落伤人 /94

31. 新员工操作电动葫芦电动限位器失灵料斗坠落 /96

32. 切割机电源线绝缘层破损漏电致使整体带电导致触电 /99

33. 搅拌机使用年限过长存在事故隐患导致机械伤害 /101

34. 电表接线端子处电气故障临街店铺发生电气火灾 /104

班组应对措施和讨论 /106

三、设备安全程度不高引发的事故 /113

35. 泡沫成型机模具运行部位无安全装置导致机械伤害 /113

36. 注塑机存在短路漏电故障未采取接地措施导致触电 /116

37. 水处理设备罐内部可燃气浓度达到爆炸极限发生爆燃 /119

38. 锅炉选型不正确瞬时超压引起爆炸 /122

39. 存在焊接缺陷的单冻机回气集管管帽脱落氨泄漏 /125

40. 回转炉改变用途安全措施不够与操作失误引发灼烫 /129

41. 擅自在设备安装踏板人员违章操作被物体挤压致死 /133

42. 烘干设备炉膛内加装钢管形成盲管受热汽化爆炸 /135

43. 工艺落后设备陈旧缺乏报警系统发生煤气泄漏 /137

44. 设备未设置煤气低压报警及联锁装置致人员中毒 /139

45. 关键生产设备预防检测不够设备维护不到位发生爆燃 /142

46. 使用不合格垫片设备运行中密封失效丙烯泄漏引发火灾 /146

47. 工装模具连接耳焊接强度不足断裂导致人员被灼烫 /151

48. 中药提取罐放空管设置不当乙醇蒸气积聚引发爆炸 /153

49. 电气设备未采用防爆措施甲醇蒸气引发气体爆炸 /156

50. 生产装置长时间处于异常状态引发硝化装置爆炸 /159

51. 观察口未关闭液压球阀脱落导致离心机损坏 /163

52. 压缩机活塞杆断裂后未做紧急停车处理导致设备故障 /166

53. 天车减速机联轴器未设置防护罩作业不确认人员被绞伤 /169

54. 运输工具不合理叠放石材过高导致物体打击 /172

55. 锅炉房设计不符合标准通风设施不完善引发煤气中毒 /175

班组应对措施和讨论 /177

四、设施安全程度不高引发的事故 /186

56. 煤气管道排凝结水地坑井作业使用有缺陷工具人员中毒 /186

57. 电机检修位置两侧无防护栏杆电工高处坠落 /190

58. 设备未安装防护设施人员在干选机运行时操作导致机械伤害 /192

59. 违章穿越运行皮带下方狭窄空间导致机械伤害 /194

60. 埋地管道因受车辆碾压焊口开裂煤气泄漏人员中毒 /197

61. 作业人员碰倒处于不安全状态的围栏高处坠落 /201

62. 下井更换放气阀未使用安全设施人员硫化氢中毒 /203

63. 修理破碎机配重轮时东西两侧未放置防倾倒设施人员被压致死 /206

64. 未将运送粉料塑料桶加盖密封导致粉料爆炸 /209

65. 石灰窑未设置一氧化碳监测报警装置人员中毒 /211

66. 电缆沟盖板接合缝隙太大盖板不严小火变为大火 /215

67. 化肥装运岗位设施安全程度不高人员作业坠落 /217

68. 皮带输送机机尾没有防护罩人员清扫作业发生机械伤害 /220

69. 鼓风机缺乏安全设施突然断电煤气倒灌引发爆炸 /222

70. 回气压联箱封头焊接不良发生爆裂导致氨气泄漏 /224

71. 输送管道安全阀侧管断裂丙烷大量泄漏引发火灾 /227

72. 钢制大门安全度不高没有限位装置引发物体打击 /231

班组应对措施和讨论 /234

五、其他设备设施引发的事故 /242

73. 锂亚电池半成品存放于不安全场所引发爆燃 /242

74. 电动自行车长时间充电发生电气线路故障自燃引发火灾 /245

75. 食品店液化石油气泄漏达到爆炸极限遇火引发爆燃 /248

76. 过氧化氢运输槽车制造工艺不符合要求引发爆炸 /251

77. 电子显示屏附近没有安装断路器人员触电死亡 /254

78. 污水井潜水泵金属外壳带电施工人员查看时发生触电 /257

79. 临时用电未使用保护零线且未设置漏电保护装置导致触电 /260

80. 施工现场临时用电未接通漏电保护器导致人员触电 /262

班组应对措施和讨论 /265

一、设备存在缺陷引发的事故

在现代化生产中，生产系统是一个由人、机、环境组成的系统。人与设备是不可分割的统一体，没有人的操作，设备不会投入运行；反过来，没有设备，也难以进行生产。但是，人与设备不是等同的关系，而是主从的关系：人是主体，设备是客体，设备不仅是人设计制造的，而且是由人操作使用的。需要注意的是，在人、机、环境系统中，任何一个环节出现故障，都会引发事故，只有保证安全运行，才能保障生产安全。随着生产的发展和科学技术水平的提高，生产设备的机械化程度日益提高，各行各业使用的设备也越来越多，因此，加强对设备的安全管理，防止因设备存在缺陷而引发事故，对于保障生产安全具有重要意义。

 1. 换热器存在质量问题多次出现泄漏引起连环爆炸

2015年6月28日10时4分，内蒙古鄂尔多斯市准格尔旗某化工有限责任公司（本案例中简称化工公司）发生一起压力容器爆炸较大事故，造成3人死亡、6人受伤，直接经济损失812.4万元。

（1）事故相关情况

化工公司成立于 2008 年 6 月 10 日，经营范围：多孔硝酸铵、硝酸、液氨、硫黄、甲醇、液体无水氨（合成氨）、复合肥料、硝基复合肥、大量元素水溶肥料、尿素硝酸铵溶液的生产、销售及产品的对外贸易经营。

（2）事故发生经过

2015 年 6 月 28 日 7 时 45 分许，化工公司在正常生产中。交接班时，净化班班长杨某某向一分厂净化工段工段长刘某某报告脱硫脱碳工序三气换热器发生泄漏，刘某某将上述情况报告给一分厂副厂长郝某某后到现场查看。在此期间，一分厂厂长助理李某在控制室听操作人员报告三气换热器泄漏，也到现场查看泄漏情况。8 时 30 分左右，李某遇到刘某某，2 人爬上换热器平台查看，发现三气换热器脱硫器进口右侧同一条焊缝有 2 个漏点，相隔 4～5 cm。刘某某用手查探漏点泄漏情况，发现有凉风吹出，随后对漏点进行标记并用手机进行拍照，拉起警戒线后离开。

8 时 56 分左右，李某向一分厂副厂长郝某某报告了泄漏情况，并嘱咐巡检工远离泄漏现场。郝某某接到报告后，到分管生产安全的副总经理翟某某办公室进行了报告，同时翟某某叫来生产管理中心主任白某某，3 人在翟某某办公室商议后，翟某某决定停车，但未明确采取紧急停车。郝某某按正常停车程序电话通知净化工段工段长刘某某对净化系统进行降压，通知气化工段工段长薛某某做好停车准备。9 时左右，郝某某离开翟某某办公室，在路上碰见合成工段工段长王某某，告诉他准备停车；之后又去泄漏现场和刘某某查看泄漏情况；随后与刘某某一起到变换工段安排变换工段停车，同时提醒该工段从事三气换热器保温的外来施工人员苏某某、黄某某、田某某、马某某等人注意安全；最后去了气化工段和氨库进行巡检。此时，净化工段北面的空分工段外来施工人员郭某某正在进行施工作业。

在此之前，生产管理中心主任白某某于8时50分签发检维修作业票证，同意在三气换热器南侧约7 m处高压脱硫泵房对高压脱硫贫液泵A泵进行检修作业。约9时，张某某、胡某2名检维修作业人员在办理了检维修作业票证后，进入高压脱硫泵房进行检维修作业。随后，检修班副班长周某某电话通知常某某、王某、梁某某、赵某某、贺某某5人去高压脱硫泵房帮忙。

10时4分56秒，三气换热器发生第一次爆炸燃烧。听到爆炸声响后，张某某、王某、梁某某、贺某某4名检维修作业人员立即从高压脱硫泵房跑出。由于三气换热器炸口朝向高压脱硫泵房，泄出的脱硫气在泵房内聚集，在第一次爆炸明火的作用下，约7 s后在高压脱硫泵房发生第二次爆炸，造成高压脱硫泵房内常某某、胡某、赵某某3名检维修作业人员死亡，张某某、王某、梁某某、贺某某4名检维修作业人员在逃出时受伤。由于第一次爆炸产生碎片的撞击，以及明火的灼烤，三气换热器南侧上方的一段脱硫富液压力管道发生塑性爆裂，引发第三次爆炸。爆炸冲击波震碎空分工段外墙玻璃，造成外来施工人员郭某某受伤。爆炸发生后，变换工段外来施工人员苏某某慌忙逃生，从施工高处跳下受伤。

（3）事故原因分析

1）直接原因。发生爆炸事故的三气换热器设备存在明显的质量问题。该三气换热器从投入运行到爆炸前，脱硫气进口联箱两侧人字焊缝处4次出现裂纹泄漏。前4次未修焊过的脱硫气进口封头角接焊缝处存在贯通的陈旧型裂纹，引发低应力脆断，导致脱硫气瞬间爆出，引起此次爆炸。因脱硫气中氢气含量较高，爆出瞬间引起氢气爆炸着火。由于炸口朝向高压脱硫泵房，泄出的脱硫气流量很大，在泵房内瞬时聚集达到爆炸极限，引起连环爆炸，致使伤亡事故发生。

2）间接原因。

①某空分公司（三气换热器生产制造企业，本案例中简称空分公司）未严格按照国家相关要求对三气换热器的生产制造、出厂检验、售后维修等各环节进行严格把控。

②该三气换热器的设计文件只规定了对接焊接接头的探伤检验要求，未规定角接焊接接头的质量控制和检验要求。制造出厂技术文件也无角接焊接接头的质量检验资料。调查组调查检测发现，焊材成分镁含量只有标准规定的1/5。焊材镁含量过低，制造过程中极易产生裂纹，同时设计文件未规定检验要求，致使存在致命缺陷的三气换热器产品投入了使用，并在之后3年多的时间里屡次出现焊缝开裂泄漏情况，最终导致断裂爆炸。

③空分公司对三气换热器长期存在的隐患未按规定要求进行处理。在2013年7月发现三气换热器第一次出现裂纹泄漏后，相关人员未引起足够重视，未对该设备质量安全进行整体检查，未查明原因就进行修复，丧失了消除事故隐患的第一次时机。之后连续3次开裂泄漏后，空分公司没有依照《中华人民共和国特种设备安全法》（以下简称《特种设备安全法》）有关要求彻底检查、消除隐患。特别是同一性质的缺陷反复出现，空分公司应主动召回，但该公司未按相关规定处理，又丧失了消除事故隐患的几次时机。

④化工公司安全管理混乱，安全生产主体责任不落实，未按国家相关要求对三气换热器进行维护管理，在发现泄漏后处置措施不当，导致人员伤亡事故发生。

（4）事故教训和相关知识

在这起爆炸事故发生之前，三气换热器连续多次发生开裂泄漏。面对连续多次发生的开裂泄漏，生产制造企业不加以重视，设备使用企业也熟视无睹、听之任之，不进行解决。泄漏隐患长期存在，造成企业各级员工麻痹大意、违章指挥、冒险作业。在化工公司生产管理中心开出检维修作业票证，安排员工在邻近泄漏源的泵房内进行检维修作业时，员工没有认真排查作业场所事故隐患。在得知三气换热器发生泄漏的情况下，公司有关部门仍未按规定停止作业，未及时撤离泄漏现场周边员工，造成较大人员伤亡。

这起事故的发生，也与事故企业生产区域安全管理混乱、各项安全管理规章制度严重不落实、企业主要负责人及相关人员履职不到位有关。按照有关规定，发生爆炸的三气换热器属于一类压力容器。该公司设备管理部门及有关人员未按照《特种设备安全法》《特种设备安全监察条例》等有关法律、法规，对该特种设备进行维护管理，未进行全面检查并彻底消除事故隐患，日常维护管理工作流于形式。企业主要负责人、安全管理人员安全意识淡薄，对泄漏危险认识不足，在设备多次泄漏的情况下，未能按有关要求，实施泄漏检测及维修全过程管理。在不能将三气换热器单独切除出生产系统的情况下，发现泄漏未果断紧急停车，而采取了常规停车，错过了避免事故发生的最佳时机。所以，这起事故被认定是一起由于压力容器质量缺陷泄漏爆炸，以及使用单位未按特种设备管理导致的较大生产安全责任事故。

事故企业要吸取事故教训，落实以下整改措施：

1）要全面落实企业安全生产主体责任，认真、持久、彻底地开展事故隐患排查和治理，切实加强生产设施设备的防泄漏安全管理。企业要切实加强安全管理机构和安全责任体系建设，明确每个岗位和每名员工的安全生产责任，并严格落实。应依法保证安全生产投入，杜绝生产设备带"病"运行，建立特种设备安全技术档案，按规定进行维护管理，提升设备本质安全水平。要加强安全教育培训，加强安全生产标准化建设，加强现场安全管理，特种作业人员均要持证上岗,坚决杜绝违章指挥、违章作业、违反劳动纪律的现象,全面提高企业的安全保障能力。

2)企业要建立隐患排查治理工作责任制,完善隐患排查治理制度,保证事故隐患整改措施、责任、资金、时限和预案的落实。实行"谁检查、谁签字、谁负责",做到不打折扣、不留死角、不走过场。相关单位要对所有生产、销售、使用的设备进行全面的检查,确保各类生产设施设备性能完好。要规范隐患排查工作程序,实时监控重大隐患,形成隐患排查治理常态化机制。

3)企业要按照有关要求,建立和完善泄漏检测、报告、处理、消除等闭环管理制度,提升泄漏防护等级,发现泄漏要立即处理、及时登记、尽快消除,不能立即处理的要采取相应的防范措施并建立设备泄漏台账,限期整改。要全面开展泄漏危险源辨识与风险评估,完善应急预案,并组织演练,完善事故处置物资储备。对于高风险、不能及时消除的泄漏,要果断停车处理,严防生产安全事故的发生。

2. 砂光机未安装泄爆装置和自动报警装置发生粉尘爆炸

2016年10月22日15时许,河北省廊坊市某木业有限公司(本案例中简称木业公司)木业(胶合板)生产车间室外木粉尘收集室发生粉尘爆炸事故,造成1人死亡、2人受伤,直接经济损失110余万元。

(1)事故相关情况

木业公司成立于2003年10月1日,主要生产、销售胶合板、细木工板、集成材、家具、木地板、人造板及木材等。

(2)事故发生经过

2016年10月22日14时45分,木业公司维修组维修工李某某和潘某，在维修完木板加工车间的蒸气回收装置后返回维修车间。事故发生前，维修工梁某某当时正在维修车间中部修理升降台，李某某在车间南部工具箱处收拾工具，潘某坐在东南墙角的椅子上玩手机。此时粗砂光机操作工王某某正在木业生产车间进行板材砂光作业。15时许，维修车间紧邻的旋风式收尘器处发生第一次爆炸，李某某喊了一声"快跑"，随即梁某某和李某某分别从维修车间东、西侧门跑出，潘某当时未及时反应。5~6 s后，收尘器下方集尘室发生二次粉尘爆炸，爆炸能量较大，导致集尘室北墙、旋风式收尘器和维修车间南墙倒塌，潘某被砸在了墙体下面。

事故发生后，公司副总经理李某和办公室主任孙某某听到爆炸声后相继赶到现场，孙某某组织张某、蒲某、王某某等人开展救援工作。15时20分许，李某某与梁某某被公司车辆送到医院救治。15时30分许，潘某被从倒塌的墙体下救出，救护车将潘某送到医院时潘某已无生命迹象。事故中，李某某和梁某某被烧伤，经送医院救治约10天后康复。

（3）事故原因分析

1）直接原因。木业生产车间砂光机在生产过程中，木板表面的金属物经砂光带擦后被收尘器吸入收尘管道，在收尘管道中撞击管道内壁产生火花或由于金属物温度较高，具备了点火能量；且砂光机未按照相关规范要求安装火花探测泄爆装置和自动报警装置，引起粉尘爆炸，炸塌维修车间与集尘室中间的隔墙，砸中墙边的维修工潘某。

2）间接原因。

①木业公司集尘室未按照相关规范要求设置泄爆装置。

②木业公司未建立岗位安全操作规程，未开展粉尘爆炸专项教育和员工安全培训，员工缺乏木粉尘爆炸危险辨识能力。

③木业公司具有爆炸危险的集尘室与维修车间贴临建造，违反相关规定要求。

④木业公司未对木粉尘爆炸进行风险辨识，缺乏防范措施。

（4）事故教训和相关知识

这起事故的发生，与企业设备存在缺陷、安全管理不到位密切相关。在木业生产车间砂光机的使用中，企业没有依据相关规范要求，对收尘器设置灭火用介质管道接口，没有更换为粉尘防爆型电气设备，没有规范电气线路布设，存在不安全因素。

对事故企业来讲，要认真吸取事故教训，做好以下工作：

1）充分辨识企业生产经营活动中的危险因素，制定出行之有效的管理措施加以实施。加强风险管理，建立风险清单，利用过程管控措施消除生产过程中的风险和隐患。制定有针对性的粉尘爆炸危险场所安全生产规章制度、操作规程和清扫制度，其中清扫制度内容应包含清扫时间（周期）、范围、清扫方式、责任人和检查要求等。

2）加强现场设备管理。完善设备定期维护保养制度，落实设备日常巡检和点检制度，对损坏设备及时维修，防止设备带"病"运转；对设备轴端、电气柜、控制柜定期除尘，保证设备良好运转，对发现的设备隐患及时处理；做好生产作业现场外逸粉尘的控制，对设备内及周边环境的粉尘实行定期清理。

3）加强员工安全管理制度、岗位操作规程及生产安全综合应急预案和专项应急预案的培训学习，完善岗位突发意外情况的现场应急处置方案或措施，定期组织员工培训及演练。

3. 采样机设计安装存在缺陷未设置联锁装置导致机械伤害

2017年1月20日，河南省洛阳市某发电有限责任公司（本案例中简称发电公司）在进行 2 号火车采样机采样作业过程中，发生一起 1 人死亡的机械伤害事故。

（1）事故相关情况

发电公司于 1990 年 1 月 20 日登记成立，公司经营范围包括火力发电与销售等。

（2）事故发生经过

2017 年 1 月 20 日，发电公司燃料质检部采制样三班当班，负责公司汽运及火车运煤日常采制样工作。1 号火车采样机临时检修，2 号火车采样机运行正常。

8 时 40 分，采制样三班召开班前会，班长马某某对当天汽运、火车运煤采制样工作分别进行安排，并开展了"三讲一落实"活动。12 时 30 分，班长马某某接到火车来煤通知后，安排班组成员李某某、郑某某 2 人操作 2 号火车采样机进行采样作业。班前会后，李某某、郑某某 2 人走出班组，在 2 号火车采样机斜梯入口处等待火车对位时，2 人协商确定，由李某某负责操作，郑某某负责瞭望。

13 时 28 分，火车对位结束，李某某在前，郑某某紧随其后，从斜梯共同登上 2 号火车采样机。李某某打开采样机瞭望平台入口门和操作间房门，2 人进入操作间，确认操作电脑画面上的待采车辆车号信息正常、齐全。13 时 30 分，2 人协商确定采用"自动控制"方式进行采样。随后，李某某将采样机操作选择开关由"手动"位切至"自动"位，按下"电源"按钮，检查采样机电气系统启动正常。紧接着，李某某对郑某某说："我要启动采样机去待采位了。"郑某某在其身后"嗯嗯"了两声，随即，李某某用鼠标在电脑画面上点击"系统启动"，听到警报器报警后，李某某用鼠标在电脑画面上点击"去待采位"。

13 时 30 分 56 秒采样机启动后，李某某习惯性回头，发现郑某某不见了，探头向外找寻，发现郑某某被挤压在采样机过渡平台防护栏杆与水泥立柱之间，立即按动"急停"按钮，停运采样机，并到操作间外，伸手去抓郑某某，但未抓住，郑某某头戴安全帽向下滑落至地面。

事故发生后，李某某立刻拨打了"120"急救电话。随后，李某某从过渡平台攀爬上北侧挡风抑尘墙后下至地面，与附近等待卸煤的人员一起把郑某某扶坐在地上。13 时 45 分，"120"救护车到达事故现场，将郑某某送往医院进行抢救。15 时 15 分，郑某某经抢救无效死亡。

（3）事故原因分析

1）直接原因。

①郑某某安全意识淡薄，在采样机随时启动的情况下，擅自离开瞭望平台。采样机启动后，被推挤在过渡平台防护栏杆与水泥立柱之间，导致事故发生。

②采样机设计安装存在先天缺陷，过渡平台与瞭望平台固定相连，在采样机运行经过水泥立柱时，与水泥立柱突出斜面间隔仅15 cm，并且瞭望平台栅栏门无联锁闭锁装置，存在物的不安全因素。

2）间接原因。

①发电公司对火车采样机岗位安全风险辨识不全面、隐患排查治理不到位，仅辨识出高处坠落、碰头、机械伤害、触电等风险，未辨识出运行过程中挤压伤害的风险。

②发电公司操作规程不完善。采样机操作规程未对操作过程应检查的事项、人员所处的位置以及安全措施等提出具体要求。

（4）事故教训和相关知识

这起事故的发生，与采样机设计安装存在先天缺陷有重要关系。

企业预防各类事故发生，要在本质安全上下功夫。本质安全是指设备设施能够从根本上防止事故发生的功能，通俗地讲，就是设备设施自身的安全。从外形、功能等方面来讲，当操作者操作失误或有不安全行为时，本质安全仍能保障操作者、设备设施的安全，而不致发生事故。要做到这一点，本质安全必须从设计抓起。其设计原则如下：当设备设施发生故障时，通过预先设计，能自主处理危险或阻止危险发生，以保护操作者免受伤害，使设备设施不受损坏；或者向操作者提前发出预警信号，以便操作者采取有效措施，化解危险。在工业化生产中，在一些具体环节完全可以做到本质安全。例如，有些设备设计有高、低限报警装置，压力、温度、流量报警装置，可燃气报警装置，有毒气体报警装置和泄压装置，具备自动调节处理功能等，可提高设备设施和生产系统的安全性。

这起事故之后，事故企业对安全设施、安全装置存在的风险和隐患进行专项排查治理，彻底消除采样机作业风险。企业还有针对性地持续开展"杜绝违章"活动，以消除行为性违章和装置性违章为目标，完善安全操作规程，落实可能导致人身伤害区域的隔离、上锁、闭锁、报警等措施。结合班组"讲任务、讲风险、讲措施、抓落实"的"三讲一落实"活动，事故企业深入开展"反违章"隐患排查，加大违章考核力度，落实现场安全管理的物防、技防措施，培养作业人员"反违章"意识，全面提升企业的本质安全水平。

4. 中频感应熔炼炉未安装保护装置产生感应电压导致人员触电

2012 年 7 月 8 日夜间，某球铁铸铝厂熔化车间 1 名熔化工在操作中频感应熔炼炉时触电，经抢救无效死亡。

（1）事故发生经过

2012 年 7 月 8 日夜间，天空下着小雨，某球铁铸铝厂熔化车间熔化工鞠某于 23 时到岗，操作中频感应熔炼炉。23 时 45 分左右，鞠某使用钢钎对炉料进行捣压操作。过了一会儿，一旁的工友看见鞠某慢慢倒地，便立刻将电源切断，并将鞠某抬到一旁，拨打"120"急救电话。7 月 9 日 0 时 10 分左右，"120"急救人员赶到现场对鞠某进行急救。2 时左右，鞠某因抢救无效死亡，死亡原因为电击致死。

（2）事故原因分析

事故发生后，经过对现场仔细检查和勘验，结果表明，鞠某倒地时，中频感应熔炼炉处于正常工作状态，并没有出现停机、报警等现象，捣压炉料操作也属正常作业步骤。但鞠某佩戴的帆布手套左手虎口处有 1 个 1 元硬币大小的孔洞，其左手有明显的电击痕迹，此外，鞠某穿着的绝缘鞋非常潮湿。在后期事故调查中，事故调查人员对鞠某穿着的绝缘鞋进行仔细检查后，发现其右脚鞋帮处有明显的橡胶烧煳现象；对绝缘鞋进行绝缘检测，结果表明绝缘鞋已被完全击穿。

1）直接原因。事发当夜下着小雨，熔化工鞠某的绝缘鞋被雨水打湿，加之手套破损，当他进行捣压炉料作业时，所用钢钎正好触及炉料中心部位，此刻中频感应熔炼炉工作电压（感应器上施加的电压）为 1 350 V，工作频率为 300 Hz，近 280 V 的感应电压电流通过钢钎从鞠某的左手虎口处通过人体至右脚入地，形成一个完整的触电回路，导致鞠某触电死亡。

2）间接原因。发生事故的中频感应熔炼炉额定容量为 3 t，进线电压为三相 660 V，工作时中频电压为 1 350 V，工作频率为 300 Hz。该设备具有 6 种保护措施，分别为过压保护、过流保护、控制板欠电压保护、输入缺相保护、水压低保护、水温保护。该中频感应熔炼炉没有安装漏炉保护装置，在加热过程中，由于涡流效应在铁水和炉料间产生感应电压。

（3）事故教训和相关知识

事故发生后，事故调查人员对危险电压的来源进行调查，首先怀疑发生漏炉故障，即炉衬损坏，铁水经炉衬缝隙流入感应器线圈，使得感应器产生的电流经炉衬缝隙流入熔融铁水中，熔化工在捣料时，电流通过坩埚、铁水、钢钎，经人体入地，导致发生触电死亡事故。为进一步验证，事故调查人员首先测量感应器线圈对地绝缘情况。经过两次检测，发现中频感应熔炼炉完全正常，没有漏炉，说明感应器和坩埚内的铁水是相互绝缘的，感应器上的中频电压电流没有流入坩埚内的铁水中，致人死亡的危险电压另有来源。

中频感应熔炼炉的工作原理是利用涡流效应进行加热，且坩埚内的炉料和强电没有任何联系，唯一可能产生危险的则是感应电压。中频感应熔炼炉在加热过程中，由于涡流效应会在铁水和炉料间产生感应电压。其基本原理如下：以圆形截面导体为例，越靠近导体中心处，受到外面磁力线产生的自感电动势越大，越靠近表面处自感电动势越小，这就造成了铁水中心部位的感应电压最高，并向四周逐渐降低，而且自感电动势随着频率的提高而增加，感应电压也会增加。由此可见，中频感应熔炼炉熔炼作业存在一定的触电危险。为此，岗位安全操作规程要求，所有熔化工必须穿戴专用安全帽、防护服、防护手套、防护胶鞋等劳动防护用品，同时在投料、观测、捣料、测温、扒渣、出铁水等生产过程中必须将输出功率降低（实际是为了降低感应电压）。

事故之后，该厂从安全管理措施和安全技术措施两方面，加强防护，防范类似事故再次发生。

从安全管理措施上：在中频感应熔炼炉的工作台上铺设耐高温的绝缘橡胶皮垫；对所用钢钎的手持部分加装绝缘护套；要求熔化工在进行加料、测温、捣料时穿戴好定期检验合格的劳动防护用品，如绝缘鞋、绝缘手套等；为了防止雨雪天气造成绝缘鞋受潮，绝缘性能下降，该厂在作业现场设置绝缘鞋存放柜子，熔化工下班后脱去绝缘鞋放入鞋柜，实行定置管理；做好感应加热设备的危险源辨识与控制工作，制定应急预案，最大限度地降低触电事故的危害程度。

从安全技术措施上：对中频感应熔炼炉坩埚中熔融状态下的铁水安装接地装置。具体做法如下：在中频感应熔炼炉底部安装一个探针，探针一端与熔融状态的铁水保持电接触，另一端接地，使炉料始终与地面保持同一电位，通过接地装置将铁水中产生的感应电压对地释放，熔化工与炉料接触时，即使线圈漏电，也不至于发生触电危险，从根本上杜绝感应电压伤人的可能性。

5. 锅炉制造安装和使用中存在缺陷常压锅炉发生爆炸

2013 年 1 月 19 日，湖北省某锅炉制造厂（本案例中简称锅炉制造厂）内一台用来加热清洗水槽的常压热水锅炉发生爆炸，造成设备被损毁及厂内经济损失，未造成人员伤亡。

（1）事故相关情况

锅炉制造厂具有多年的锅炉设计、制造经验，主要产品有燃煤锅炉、热水锅炉、燃气锅炉、有机热载体锅炉（导热油锅炉）、蒸汽锅炉、电锅炉、真空锅炉、循环流化床锅炉、家用锅炉、环保锅炉、铝制锅炉、电开水炉等。

（2）事故发生经过

2013 年 1 月 19 日 15 时 30 分左右，锅炉制造厂内一台用来加热清洗水槽的常压热水锅炉发生爆炸，此次爆炸造成设备被损毁及厂内经济损失，未造成人员伤亡。

发生事故的常压热水锅炉为立式锅壳式锅炉，根据现场找到的铭牌，锅炉型号为 CWNS10-95-60-Y（Q），额定压力为 0 MPa，容水量 600 L，制造日期为 2012 年 3 月，无产品编号。

（3）事故原因分析

1）直接原因。此次发生事故的常压锅炉，原为不能承受压力、应敞口使用的锅炉，后改造为常压锅炉。锅炉设计、制造、安装和使用环节均存在缺陷，致使锅炉带压运行，直至超出了锅炉所能承受的压力，最终在薄弱点开裂爆炸。

2）间接原因。

①企业未能严格落实主体责任，安全管理机构未能履行安全管理职责，未能认真组织开展事故隐患排查，建立、完善隐患排查体制机制。

②隐患排查治理流于形式，未能深入排查和有效化解各类安全生产风险，对员工安全教育培训抓得不紧，员工安全素质不高。

③在锅炉改造环节，相关单位未能严格控制材料和提高焊接质量。在锅炉安装环节，使用单位擅自对管路进行改装，在管路上加装阀门等，埋下事故隐患。

（4）事故教训和相关知识

事故之后，调查组经调查发现以下情况：

1）在锅炉设计、制造方面，根据锅炉制造厂提供的图纸及资料，依据相关规定要求，常压热水锅炉的锅筒（壳）或炉胆的壁厚应不小于 3 mm。事故锅炉设计中锅筒取用壁厚为 2.75 mm，制造时使用 2.75 mm 的 Q235B 板。锅炉制造完成后只做了 60 min 的盛水试验，而未按照规定要求进行水压试验（0.2 MPa），不能保证锅炉的制造质量。

2）制造完成后，锅炉制造厂未在锅炉上按规定要求喷"常压热水锅炉不得承压使用""出口热水温度不超过 90 ℃"的字样，使用说明书中也未要求用户严格控制出水温度。由上可见，锅炉设计、制造中存在缺陷，具体包括图纸、资料不规范，材料取用厚度不符合规范要求，未按规定做水压试验，标识不准确、齐全。

3) 锅炉安装不规范，将排气口改成出水口，不仅违反有关规定，还使锅炉带压运行。因放空管细长，如两个放水阀门都关闭，锅炉一旦产生蒸汽，压力将快速升高，导致爆炸。由上可见，锅炉安装存在缺陷，主要包括未按规定设置排气口，燃烧自控系统设置不合理。

4) 在锅炉使用过程中，没有制定安全操作规程，操作人员缺乏安全操作知识，锅炉操作时有用蒸汽加热的情况（承压使用的情况），顶部温度计在改造锅炉出水管路后曾显示满量程 120 ℃，但未引起操作人员的注意。2013 年 1 月 14 日，使用单位对锅炉出水管道进行了改装，增加了一个用热支路，支路上加装了阀门，但未对温度控制系统进行改造。通过监控可以看到，爆炸事故发生前，1 号水槽放水阀门处于全关状态。通过询问得知，水泵处于停运状态。由于 1 号水槽温度一直下降，在温控系统作用下，燃烧器一直处于工作状态。若 2 号水槽放水阀门全开，虽然锅炉处于带压运行状态，但压力较小，整个系统为常压系统，不易导致爆炸事故。因此可以判断，2 号水槽放水阀门在事故时未处于全开状态。锅炉操作人员也提到，当水槽温度较高时，清洗轮毂的人员会调整放水阀门开度。当 2 号水槽放水阀门关闭时，锅炉内部产生蒸汽，压力迅速升高，当压力超过锅炉可承受的压力时，锅炉薄弱点产生开裂，导致爆炸事故发生。由上可见，锅炉使用中存在问题，具体如下：对管路进行改装，在锅炉出口管路上加装阀门；操作人员缺乏安全操作知识，操作阀门不当。

6. 设备存在先天缺陷和质量问题氧气站罗茨鼓风机损毁

2011 年 11 月 3 日，云南省某公司冶炼分公司氧气站内 1 号罗茨鼓风机叶轮损坏、机壳损毁，经估算，事故造成的直接经济损失达 39.8 万元。

（1）事故发生经过

2011 年 11 月 3 日 22 时 15 分左右，云南省某公司冶炼分公司氧气站内忽然发出一阵异响。当班员工立即前往检查，发现氧气站内 1 号罗茨鼓风机叶轮损坏、机壳损毁。经过现场人员仔细查验，发现损毁的设备是 2008 年 5 月出产的 ARH-700 型罗茨鼓风机。

损毁的罗茨鼓风机电机功率为 710 kW，转速为 690 r/min，进气压力为 48.1 kPa，升压压力为 53.2 kPa。事故虽然没有造成人员伤亡，但造成了真空泵彻底报废的严重后果。经估算，事故造成的直接经济损失达 39.8 万元。

（2）事故原因分析

1）直接原因。1 号罗茨鼓风机两叶轮有裂纹，造成了动平衡紊乱，随着设备带负荷运行，裂纹逐步加大，使该设备振动值过大，最终超过屈服极限值，导致两叶轮损坏，从动齿轮轮毂破裂，设备损毁。

2）间接原因。

①经过查验历史检测数据，在 2011 年 7 月 20 日的测量数据报告中，已经测量出前轴承振动值严重超标，但设备仍带"病"工作。

②公司对设备运行监控管理不到位，未能及时消除缺陷。

③检维修质量达不到标准，轴承间隙调整与标准仍有明显偏差，振动值严重超标但仍然继续使用等。

（3）事故教训和相关知识

事故发生后，公司技术人员对损坏的罗茨鼓风机进行拆开检查，发现该设备主动轮、被动轮轴承完好，主动齿轮、被动齿轮啮合完好，齿轮轴完好；主动叶轮、从动叶轮有裂纹存在，其中从动叶轮破损较为严重，主动叶轮次之；从动齿轮轮毂有一明显裂纹，裂纹长度已覆盖齿轮轮毂，其中轮毂正面裂纹长度 100 mm，侧面裂纹长度 140 mm。经过查阅该设备的检维修记录，分析认定该设备本身存在一定的先天缺陷和制造质量问题，在使用过程中曾多次发生异常或故障造成停机检修。工人在更换新的润滑油时，常常在箱底部发现来源不明的金属颗粒、片、粉末，叶轮与叶轮中间有多处摩擦痕迹。该设备两叶轮有裂纹，造成了动平衡紊乱，随着设备带负荷运行，裂纹逐步加大，使该设备振动值过大，最终超过屈服极限值，导致两叶轮损坏，从动齿轮轮毂破裂，设备损毁。

针对这起事故暴露出的问题，首先，公司应从设备运行规章制度入手，加强对设备操作的组织管理，明确责任，各司其职。严格规范设备运行的规章制度，杜绝设备带"病"运行。其次，为确保新、老设备的安装质量，公司应在设备安装前对叶轮进行探伤。当确认无缺陷后，再对叶轮进行动平衡校验；确认无误后，才能进行安装，防止设备的"先天缺陷"。最后，公司应加强对检维修人员和操作人员的安全教育，提高安全防范意识，开展安全技术交底，进行设备结构、设备维修、设备操作的专业培训，全面提高设备操作人员、检维修人员的整体素质。

7. 换热器封板存在假焊漏焊缺陷导致发生物体打击

2017 年 7 月 9 日 15 时 15 分，某铜业有限公司（本案例中简称铜业公司）年度检修中，外包单位四川某矿山工程有限公司（本案例中简称工程公司）在换热器维修检漏作业过程中，发生一起物体打击事故，造成 1 人死亡、1 人受伤。

（1）事故相关情况

铜业公司成立于 2009 年 3 月 10 日，厂区面积 77 万 m²，下设 7 个分厂和 11 个管理部室。

工程公司成立于 2012 年 3 月 27 日，有员工 300 余人，常驻铜业公司项目部 40 余人，主要从事生产系统内设备、工艺管道检修。

2017 年 7 月 3 日，铜业公司开始进行年度检修工作，检修项目包括熔炼 170 项、制酸 89 项、动力 34 项、选矿 7 项、机电工程部负责项目 22 项。工程公司从事的 Ⅱ、Ⅳ 换热器项目属于制酸厂厂级检修项目。

（2）事故发生经过

2017 年 7 月 5 日，工程公司对 Ⅱ、Ⅳ 换热器进行通气检漏作业。该项目负责人罗某某对项目施工班组进行了安全技术交底，并办理了动火安全作业票后开始作业，到 7 月 8 日下午完成了人孔开口、封板切割与焊接。7 月 9 日办理了有限空间安全作业票，开始进行通气检漏。

7 月 9 日 8 时 30 分左右，制酸厂安全员温某某到现场办理了有限空间安全作业票，由王某某、王某、李某某 3 人作业，王某某负责电焊（管道内封板及漏气点），王某在人孔外负责监护，李某某在地面负责控制通气供气及监护。11 时 5 分左右，罗某某对完成的 2 个漏气点进行了验收，并要求进行通气检查。之后发现封板焊缝有漏气，罗某某交代要补焊。因已经到 11 时 40 分，王某某等人便将气排空去吃饭了。当日下午，王某某安排魏某某在地面负责控制通气阀，罗某在人孔外监护。

7 月 9 日 13 时 30 分左右，王某某、罗某和魏某某到现场作业，王某某对上午发现漏气的封板焊缝进行补焊，15 时左右完成。王某某焊完并接好气管后爬出管道，到地面告诉魏某某关小阀门（保留1/3），并打电话给罗某某询问是否通气检漏，罗某某说："可以通气检漏，压力能够稳定在 0.12 MPa 就可以关闭气阀。"

打完电话后，王某某重新爬上脚手架，叫罗某进入管道检查封板焊缝有无漏气，并告诉罗某如果无漏气，就可以关闭封板上的进气阀门。就在罗某刚进入管道内查看封板焊缝有无漏气情况时（约15时15分），突然一声巨响，封板飞出，罗某被压在封板下，站在管道外的王某某（系着安全带）也被击倒在脚手架平台上。在地面监护的魏某某听到响声后，立刻关掉通气阀门，爬上脚手架，扶起王某某，稍后和王某某一起进入管道内，把压在封板下的罗某拉出，拖向人孔，在闻声赶来的救援人员帮助下，将罗某移出人孔。15 时 30 分左右，救护车来到现场，医生到平台上对罗某进行检查和初步处理后将其移到担架上，用吊车吊到地面，立即送往医院救治，途中，罗某死亡。

事故造成 1 人死亡、1 人受伤，直接经济损失约 117 万元。

（3）事故原因分析

1）直接原因。

①封板存在假焊、漏焊，造成封板焊缝强度不够，导致管道内的压缩空气将封板冲脱，封板飞出击中罗某，造成其颅脑损伤死亡。

②罗某冒险进入压缩空气通气阀未完全关闭（保留了1/3）、压力可能持续上升的由两块封板密封形成的承压管道封板端检查焊缝漏气情况，属于危险区域作业。

2）间接原因。

①工程公司落实安全生产法律、法规不到位，严重违反相关规定，没有制定有限空间作业安全责任制，没有制定有限空间作业的审批、现场安全管理、应急管理、教育培训等相关制度。

②工程公司危险因素辨识不到位。在工程公司制定的换热器年度检修方案中，没有辨识出管道两端用封板密封后，在通入压缩空气，实际形成承压管道，可能出现因超压、焊缝强度不足造成爆裂、冲脱的危险因素。

③工程公司现场安全管理混乱，没有严格履行合同规定，工作岗位随意调换，岗位调整前没有和工作区域所在单位进行必要的对接，导致罗某上岗后，所在区域单位管理人员不清楚其身份。没有严格执行安全作业票制度，随意变更作业人员，随意安排罗某顶替安全作业票规定的监护人。

④工程公司安全教育培训不到位。2017 年度安全教育培训计划没有动火、高处、有限空间等危险作业的专项培训内容；培训内容未结合实际，培训记录不全，没有针对性。罗某安全教育登记卡中的培训内容无针对有限空间作业的相关内容，与所在岗位不符。

⑤工程公司安全检查制度执行不到位。2017 年以来，公司没有组织对项目部的安全检查，项目部安全检查频次也达不到要求，检查记录台账没有整改复查记录，没有被检查单位人员签字。

（4）事故教训和相关知识

在这起事故中，封板存在假焊、漏焊，造成封板焊缝强度不够，且没有使用探伤仪器进行检查，就匆匆忙忙进行压力试验，结果管道内的压缩空气将封板冲脱，并造成人员伤害。

在企业检修中，焊接作业是重要的环节，从事焊接作业要经常与各种易燃易爆气体、压力容器、电气设备接触，焊接过程中又存在有害气体、粉尘、弧光辐射、高频电磁场、噪声以及射线等对人体与环境不利的有害因素，因此，稍有疏忽就会发生爆炸、火灾、烫伤、触电等设备与人身伤亡事故。

这起事故的发生，与焊接质量不佳有直接关系，同时也与企业安全管理工作存在问题有关。事故之后，事故调查组要求相关企业深刻吸取事故教训，加强安全生产风险管控，加强作业现场安全管理和有限空间安全作业票管理。要对外包施工单位的安全生产工作统一协调、管理，定期进行安全检查，发现安全问题的，应当及时督促整改。要严格履行有限空间作业人员监护职责。在实施有限空间作业前，应当对作业环境进行风险评估，分析存在的危险、有害因素，提出消除、控制危害的措施，制定有限空间作业方案，作业方案和安全作业票要经本企业安全管理人员审核、负责人批准方可实施。作业现场负责人、监护人员、作业人员要严格执行有限空间作业方案。要加强外包施工单位人员管理。针对事故中暴露出来的危险因素辨识不到位、安全作业票管理混乱、现场管理混乱等问题，通过专项整治，得到规范和提升。

8. 压缩机出口管线强度不够焊接质量差导致试车爆炸

2007 年 7 月 11 日 23 时 50 分，山东省德州市平原县某化工集团有限公司（本案例中简称化工公司）一分厂 16 万 t/a 氨醇、25 万 t/a 尿素改扩建项目试车过程中发生爆炸事故，造成 9 人死亡、1 人受伤。

（1）事故相关情况

化工公司成立于 2004 年，有 2 个生产分厂。事故发生在一分厂 16 万 t/a 氨醇改扩建生产线试车过程中，该生产线由造气、脱硫、脱碳、净化、压缩、合成等工艺单元组成，发生爆炸的是压缩工序 2 号压缩机七段出口管线。

（2）事故发生经过

该公司一分厂 16 万 t/a 氨醇、25 万 t/a 尿素生产线，于 2007 年

6月开始单机试车，7月5日单机调试完毕，由企业内部组织项目验收。7月10日2号压缩机单机调试、空气试压（试压至18 MPa）、二氧化碳置换完毕。7月11日15时30分，开始正式投料试车：先开2号压缩机组，引入工艺气体（氮气、氢气混合气体），逐级向2号压缩机七段（工作压力24 MPa）送气试车。23时50分，2号压缩机七段出口管线突然发生爆炸，气体泄漏引发大火，造成8人当场死亡，1人因大面积烧伤抢救无效死亡，1人轻伤。事故还造成部分厂房顶棚坍塌和仪表盘烧毁。

经调查，事故发生时先后发生2次爆炸。经对事故现场进行勘查和分析，一处爆炸点是在2号压缩机七段出口油水分离器之后、第一角阀前1 m处的管线，另一处爆炸点是在2号压缩机七段出口2个角阀之间的管线（第一角阀处于关闭状态，第二角阀处于开启状态）。

（3）事故原因分析

1）直接原因。2号压缩机七段出口管线存在强度不够、焊接质量差、管线使用前没有试压等严重问题，导致事故发生。

2）间接原因。

①建设项目工程管理混乱。该项目无统一设计，仅根据可行性研究报告就组织项目建设，有的单元采取设计、制造、安装整体招标，有的单元采取企业自行设计、市场采购、委托施工方式，有的直接按旧图纸组织施工。

②与事故有关的2号压缩机由沈阳某气体压缩机制造有限公司制造，并负责压缩机出口阀前的辅助管线设计。项目没有按照有关规定选择具有资质的施工、安装单位进行施工和安装；试车前也没有制定周密的试车方案，高压管线投用前没有经过水压试验。

③2007年7月7日，德州市安全监管局组织专家组对该项目进行了安全设立许可审查，明确提出该项目的平面布置和部分装置之间

的距离不符合要求，责令企业抓紧整改，但企业在未进行整改、未经允许的情况下，擅自进行试车，试车过程中发生了爆炸。

（4）事故教训和相关知识

在这起事故中，压缩机出口管线存在强度不够、焊接质量差、管线使用前没有试压等严重问题，并由此导致事故的发生。

在焊接结构中，焊接过程中形成的难以避免的焊接缺陷，使焊缝成为结构的薄弱环节。焊缝质量的优劣是决定结构安全和使用寿命的重要因素，因而在所有涉及焊接结构的安全技术规范和设计、制造、施工标准中，都对焊接和焊缝质量要求作出了详细的技术规定。采用焊接连接的管线也不例外。在焊接质量控制的诸多因素中，焊工技能一直引人关注。在焊接设备、焊接材料、焊接工艺等因素确定之后，人的因素在焊接质量控制上就起着决定性的作用。在此条件下，对焊接质量的控制，实际上就转化为对焊工的管理和技能的控制。特别是在广泛应用手工电弧焊的管线施工中，由于安装工程施工的流动性、施工条件的复杂性和高技术水平焊工的短缺，大量焊工来自临时聘用，出现焊接质量问题也就不奇怪了。在这起事故中，压缩机出口管线焊接质量差，就是焊工技术水平差导致的。

事故之后，相关企业应加强危险化学品建设项目工程管理和试车安全管理。危险化学品建设项目设计、施工必须由相应资质单位进行设计、施工，建设单位要认真核实设计、施工单位的资质证明材料，防止个人和单位以合法机构的名义承揽工程的设计、施工。要建立、健全建设项目设备、材料采购的质量保证体系，严把采购质量关；杜绝采用不符合设计要求和质量不合格的原材料。项目建设过程中要加强施工质量监理。建设项目试车前，应制定严密的试车方案和应急处置预案；严格按照化工生产建设项目试车程序、要求进行；要高度重视压力容器和压力管道质量验收工作，未经检测检验合格，不得投入使用；组织和参与试车的人员都要经过安全技术培训，熟悉生产工艺、操作方法和紧急处置措施。

9. 截止阀不符合国家标准底部脆断飞出导致液氨泄漏

2007 年 5 月 4 日，安徽省阜阳市某化工集团有限公司（本案例中简称化工公司）发生液氨泄漏事故，造成 33 名工人吸入氨气中毒，其中 9 人处于重症状态。

（1）事故相关情况

化工公司成立于 1989 年 11 月，经营化肥、化工产品等。

（2）事故发生经过

2007 年 5 月 4 日 0 时许，化工公司联合车间储氨罐区 2 号氨球罐在液氨进料过程中，进口管支管截止阀（安全阀下部）突然开裂，造成液氨泄漏。发现液氨泄漏后，当班工人立即关闭放氨阀和 2 号氨球罐进氨阀。

从泄漏发生到关闭有关阀门，历时约 9.5 min，泄漏液氨约 5.5 m³。氨气泄漏扩散过程中，在附近施工的 33 名工人因吸入氨气而中毒，由于当班工人处置迅速果断，阻止了事故后果的扩大。

（3）事故原因分析

1）直接原因。事故截止阀系化工公司于 2005 年 8 月从上海购置，事故中该截止阀底部脆断飞出，断口直径 100 mm。经检验及技术分析，该型号阀门不符合国家标准要求，是导致液氨泄漏事故发生的直接原因。

2）间接原因。

①企业设备购置存在问题，没有按照国家现行标准严格选型，使不符合国家标准的阀门投入使用。

②该企业在建的尿素生产装置，在未经安全设施设计审查许可、试生产方案备案和安全验收许可的情况下，擅自组织项目建设和生产，而且违法生产12个月后仍未取得项目设立批准。

③企业在边施工、边生产的情况下，缺乏有效的安全措施，现场无人监护，埋下了事故隐患。另外，现场施工人员过多，也是中毒人员多、事故后果扩大的重要原因。

（4）事故教训和相关知识

在这起事故中，该企业购置的截止阀不符合国家标准要求，生产中截止阀底部脆断飞出，导致液氨泄漏事故发生。

购置设备、购置配件，要根据生产需要、技术要求、产品质量，选购合格的设备和配件。同时，在设计、制造上要有安全功能，如回转机械要有防护装置，冲剪设备要有保险装置，有些设备系统应根据需要设置自动监测、自动控制装置，易燃易爆场所使用的设备应防爆等。凡是新投入使用的设备，不论是选购的，还是自制的，不管是否需要安装调试，都要按设计规定，对设备的技术性能、质量状态、安全功能进行全面严格验收。发现问题时必须加以解决，并要经过试运行确认无误后，才能正式投入使用。

在阀门的购置和使用上，有这样一个因错误使用钛合金阀门造成氯气泄漏的事故案例。

1997年4月16日傍晚，某市自来水厂加氯车间突然发生氯气大量外泄事故，氯气随风飘逸扩散，波及周围地区，造成200余人中毒，庆幸的是无人死亡和重伤。造成事故的原因，是自来水厂委托某仪表阀门公司对液氯蒸发装置上的手动、电动调节阀进行选型和定购，该仪表阀门公司根据用户耐腐蚀等工艺要求，向阀门厂订购了含钛98.7%的手动、电动调节阀，并向自来水厂提供了产品质量保证书及受压试验报告等书面资料。自来水厂在液氯蒸发装置上安装了由仪表阀门公司提供的电动调节阀门，投入使用一周后发生事故。事故之后发现，钛合金阀门已经腐蚀，导致液氯泄漏。原来，金属钛的化学活性很高，暴露于大气或含氧介质中，会形成一层薄而坚固的氧化膜。这种氧化膜的存在，使得钛在许多腐蚀性介质中，特别是氧化性介质中，具有很高的耐腐蚀性能。但是，自来水厂所用的商品氯（又称干燥氯）含水量极少，金属钛与商品氯直接接触后会发生剧烈的化学反应，成为极不耐腐蚀的材料。因此，造成这起事故的主要原因，是有关人员对金属的物化性质和抗腐蚀能力缺乏了解，造成液氯蒸发装置电动调节阀的选材失误。

对这起液氨泄漏事故，事故企业要吸取此次事故教训，制定相应的规章制度，强化安全管理，严格落实安全生产责任制。企业的设备要按照国家现行标准严格选型，不符合国家标准的严禁投入使用。要发动全体员工提合理化建议，查找身边事故隐患，力争对事故隐患早发现、早整改、及时处理，从源头上堵住事故隐患漏洞，为生产创造一个安全稳定的环境。

10. 离心机结构设计不完善平衡精度未达到要求发生闪爆

2006 年 5 月 9 日 5 时 20 分左右，湖北省某化工公司（本案例中简称化工公司）3 车间，利用卧式刮刀卸料离心机分离某一医药中间体粗品时，离心机卸料口突然发生闪爆，事故造成 1 人面部严重烧伤，经济损失达 35 万元。

（1）事故相关情况

化工公司 3 车间于 2006 年 4 月中旬从江苏某设备公司购回该离心机。离心机型号为 GK1000A，属卧式刮刀卸料离心机，能在全速运转下完成进料、分离、干燥和卸料等连续操作工序，具有自动连续操作、处理量大的特点，电机为隔爆电机。该离心机于2006年5月2日投入使用，按工艺要求其作用为脱除含有甲苯的溶媒。甲苯属于中闪点易燃液体（闪点为4.4℃，爆炸极限为1.2%~7%）。

（2）事故发生经过

2006年5月9日5时20分左右，操作工王某操作离心机卸料，高速旋转的离心机将空气从卸料口抽入，与被甩滤分离的粗品中甲苯及其蒸气混合形成可燃性气体。在卸料过程中，卸料口的可燃性气体浓度达到爆炸极限，遇到转鼓摩擦产生的火花突发闪爆，同时引起卸料口附近的可燃性气体燃烧，导致在离心机卸料口附近作业的王某被严重烧伤。同车间操作人员迅速用灭火器将火扑灭，其他人关闭设备同时全力救护王某，并及时将王某送往医院抢救。

（3）事故原因分析

1）直接原因。

①离心机在结构设计、制造上不完善。转动件动平衡精度未达到要求。转鼓径向游隙大，导致转鼓偏离旋转轴中心而摩擦外壳凸出部位。转鼓与外壳的间隙为30 mm，其中与外壳的加强筋间隙为15 mm，事后经检测外壳加强筋已被磨去3 mm。

②离心机下料不均匀，偏心运转，转鼓负荷过重，致使转鼓与机壳加强筋摩擦。

③设备电机选用隔爆型，但离心机其他部件未采用防爆技术措施。

④分离含有易燃易爆溶剂的物料，未采取任何防护措施。

2）间接原因。

①化工公司对离心机等设备的选型、安装、使用环节没有科学的规定，公司及车间在设备管理方面职责不明。

②安装后发现设备异常响动未查明原因便投入使用。

③未经危害辨识和安全检测，凭经验分离易燃易爆物料，又未采取任何防护措施。

④安全教育不到位，员工的安全意识淡薄，缺乏必要的安全教育和技术培训。

（4）事故教训和相关知识

在这起事故中，离心机在结构设计、制造上不完善，转动件动平衡精度未达到要求等，由此产生火花突发闪爆事故。

对企业来讲，设备管理的基本任务是对设备的全过程进行管理，即从设备的购置、安装、投产以及使用、维护和检修，直到报废的全过程管理。设备管理涉及设备的两种状态：一是设备的物质运动状态，包括设备的选购、验收、安装、调试、使用、维修、更新改造等；二是价值形态，包括设备的各种费用。在实际工作中，对于前者的管理一般称为设备的技术管理，对于后者的管理称为设备的经济管理。

设备管理是企业安全生产的保证。安全生产是企业搞好生产经营的前提，没有安全生产，一切工作都可能是无用之功。根据有关安全事故的统计，除去人为因素，许多事故是由设备不安全因素造成的。特别是一些压力容器、动力运转设备、电气设备等，如果管理不善，更容易成为事故隐患。要确保安全生产，必须有运转良好的设备，而良好的设备管理，也就消除了许多事故隐患，杜绝了许多事故的发生。

事故企业应认真吸取事故教训，在分离含有机溶剂的物料时，应采用惰性气体或其他气体保护，严格控制加料量，均匀投料，严防离心机振动。同时举一反三，进一步加强对易燃易爆品使用、运输的管理，严格避免产生静电火花。要严格设备的选型和管理工作，制定设备选型、安装、使用、维修、改造等环节的管理制度，以防止类似事故发生。

11. 熔锌作业排烟口设置在室内引发一氧化碳中毒

2014 年 1 月 20 日，辽宁省大连市金州新区某锌铝压铸企业在生产过程中发生一氧化碳中毒事故，多名员工出现晕倒、头痛、恶心症状。

（1）事故相关情况

该企业生产车间位于一栋 5 层建筑内的一层、二层，该建筑三层为仓库，四层及以上为其他企业生产车间。该企业主要生产设备有压铸机、抛光机、加工中心、研磨机、组立工作台、空压机等。在熔锌坩埚炉生产过程中，使用天然气作为热源，生产原料主要为锌合金、铝合金，产品为高档建筑五金件（以铝合金压铸件和锌合金压铸件为主）。该企业生产车间无机械排风装置，主要依靠南北窗自然通风。企业主要生产工艺流程为熔锌、压铸、研磨、加工、修正、涂装（外委作业）、组装、检查、包装。

（2）事故发生经过

2014 年 1 月 19 日 17 时至 1 月 20 日 8 时，一层压铸车间进行熔锌作业，将表面带漆、带油、抛光处理过的锌废料通过坩埚炉进行熔化。除压铸车间南侧窗户打开外，一层、二层其他门窗均处于关闭状态。一层、二层的货梯门处于打开状态，货梯轿厢处于二楼与三楼之间，一层烟气可通过电梯井上升至二层。

1 月 20 日 9 时左右，生产现场二层组立区 1 名员工在工作中晕倒，现场人员向领导报告后将其送往宿舍休息。约 10 时，二层陆续又有 3 名员工晕倒，多名员工也出现头痛、恶心症状，企业立即组织将症状较重的员工送往医院治疗，经医院处置后认为是有毒气体中毒。随后两天，该企业生产现场一层、二层多名员工到医院就诊。经检查，有数人碳氧血红蛋白浓度超标，疑似轻度一氧化碳中毒，医院给予了高压氧舱治疗。

（3）事故原因分析

1）直接原因。根据现场调查及模拟检测结果分析，该企业在进行熔锌作业时，使用天然气作为热源，天然气燃烧不完全产生一氧化碳，同时熔化的锌废料表面带漆、带油，在高温加热过程中也会产生一氧化碳，而熔锌坩埚炉敞口开放，其排烟口位于室内，室内无机械排风装置。熔锌时产生的一氧化碳除一部分通过窗口排出外，大部分集聚在室内。一氧化碳密度比空气小，熔化作业产生大量热源，由于烟囱效应，一氧化碳顺着电梯井排到门窗密闭的二层，因此二层也充满了一氧化碳，甚至在一段时间以后浓度比一层还高。模拟检测结果证实了这一情况。虽然室内安装了燃气报警器，但未安装有毒气体报警器，导致未能报警以避免事故发生。

2）间接原因。

①该企业负责人未听从员工建议，将熔锌坩埚炉排烟口引出室外，未履行《中华人民共和国安全生产法》（以下简称《安全生产法》）规定的安全管理责任。

②该企业未按照规定安装一氧化碳报警器，未采取相应的安全生产、职业病危害防护措施，违反了《安全生产法》《中华人民共和国职业病防治法》相关规定。

（4）事故教训和相关知识

事故发生后，企业进行了模拟现场熔炼作业，检测机构分别在一层和二层电梯口、熔锌坩埚炉、二层组立区进行了采样检测。检测结果显示：上午4个检测点空气中一氧化碳浓度为国家标准的13~22倍；下午二层电梯口和二层组立区一氧化碳浓度约为国家标准的

8倍，一层2个检测点一氧化碳浓度符合国家标准要求。

在这起事故中，熔锌坩埚炉敞口开放，排烟口设置在室内，室内无机械排风装置。针对这种情况，只要稍微有点常识，就能发现排烟口设置不当，应该设置在室外。

对这起事故，企业应切实履行安全生产及职业病防治的主体责任，立即组织开展隐患排查治理工作，全力消除事故隐患。对使用的所有生产设备进行彻底检查，制定安全有效的操作规程及检维修方案，保证其安全运行；要按照有关法律、行政法规和国家标准或者行业标准规定，采取合格的安全生产及职业病危害防护措施，安装事故通风装置以及与事故排风系统相联锁的泄漏报警装置并定期检查，确保其能有效报警及排风；开展安全及职业病危害现状评价，全面排查工作场所可能存在的职业病危害因素及事故隐患，实施由专人负责的职业病危害因素日常监测及事故隐患排查治理。

12. 硫酸储罐达不到强度刚度要求硫酸泄漏

2013年3月1日15时20分，在辽宁省朝阳市建平县现代生态科技园区（本案例中简称园区）内，建平县某商贸有限公司（本案例中简称商贸公司）2号硫酸储罐发生爆裂，并将1号储罐下部连接管法兰砸断，导致两罐约2.6万t硫酸全部泄漏，造成7人死亡、2人受伤，泄漏的硫酸流入附近农田、河床及高速公路涵洞，引发较严重的次生环境灾害，造成直接经济损失1 210万元。

（1）事故相关情况

商贸公司成立于2012年11月，经营硫酸储存、运输、销售及化学试剂、器材销售等项目。

2012年10月初，商贸公司法人勾某某到园区投资3 000万余元建设硫酸储存项目。2012年10月中旬，勾某某经人介绍联系到了赤峰某建筑规划设计有限公司的设计人员闫某某，让其出具储罐基础设计图纸，并雇用潘某某、田某某（建平县农民）等施工人员依据图纸进行基础工程施工。至11月初，4个储罐基础工程全部完成。11月13日，勾某某与施工单位负责人张某某签订协议，建设硫酸储罐罐体施工工程。11月16日，张某某带领26名施工人员按照勾某某要求开始储罐施工。至2013年1月，4个硫酸储罐相继安装完成。在储罐焊接作业过程中，施工单位既未对焊缝进行无损检测，也未对储罐的强度、刚度和气密性进行试验。

自2012年12月11日至2013年1月30日，勾某某从4家企业购买了数万吨浓硫酸（浓度为93%），陆续注入建好的4个储罐内。其中发生爆裂的2号储罐、发生泄漏的1号储罐及4号储罐分别注入1.3万余吨硫酸，3号储罐注入1.1万余吨硫酸，4个储罐内共注入硫酸5万余吨。企业在储罐区域未设置相应的监测、监控、报警装置及存液池、防护围堤等安全设施。

（2）事故发生经过

2012年12月中旬，3号储罐注满硫酸后，罐体发生变形、渗漏。勾某某决定在罐体外1~5节上用槽钢焊接加强圈来加固罐体。2013年春节前，施工单位依次完成了3号、1号及4号储罐加固工作。春节过后，施工单位对2号储罐实施加固。在焊接作业过程中，施工单位未将储罐内盛装的硫酸导出，未采取隔离措施，也未对储罐内积存的气体进行置换，未对现场进行通风，直接在装满硫酸的储罐外进行动火作业。

2013年3月1日15时20分，5名焊工在2号储罐进行加固焊接作业时，罐体突然发生爆裂，罐内硫酸瞬间暴溢。爆裂致使罐体与基础主体分离，顶盖与罐体分离，罐体侧移10 m，靠在3号罐上。爆裂产生的罐体碎片撞击到 1 号储罐下部连接管处，致使法兰被砸断，1 号储罐内硫酸泄漏。最终两罐约 2.6 万 t 硫酸全部泄漏，流入附近农田、林地、河床及丹锡高速公路一处涵洞。现场作业的 5 名焊工、会计王某、司机张某因硫酸灼烫全部遇难。当时在距离储罐 30 m 左右临时工棚内监工的勾某某、陈某某侥幸逃脱，勾某某身体被烧伤。流入农田的硫酸又将放羊的农民蔡某某双脚烧伤。

事故发生后，当地政府组成救援指挥部，指挥救援人员立即铺设了 60 余米的救援通道，同时调配防护物资，在确保救援人员人身安全的情况下，寻找遇难者遗体；在事发现场及周边过酸区域设立警示标志，实施 24 小时警戒；并组织施工人员对罐体周边 2 万 m² 区域进行固化处理和围堰加固，开挖导流槽和储酸池。至 3 月 2 日 10 时，遇难者遗体全部被找到。

（3）事故原因分析

1）直接原因。储罐内的浓硫酸被局部稀释，罐内产生的氢气与空气混合达到爆炸极限，当混合气体从放空管通气口和罐顶周围的小缺口冒出时，遇焊接明火引起爆炸。气体的爆炸冲击波与罐内浓硫酸液体的静压力叠加，导致 2 号罐体瞬间爆裂，硫酸暴溢。爆裂罐体碎片飞出，将 1 号储罐下部连接管法兰砸断，罐内硫酸泄漏。

2）间接原因。

①施工前无统一设计，硫酸储罐达不到强度、刚度要求。按照规范，该硫酸储罐罐体许用应力为 217 MPa，储罐储满硫酸后罐体实际环向应力为 180.9 MPa；而建成的储罐罐体许用应力是 150 MPa，罐体环向应力超过罐体的许用应力。且储罐罐体焊接质量存在缺陷，导致罐体储满硫酸后发生变形、渗漏。

②违规动火。在加固施工作业时违反相关规定要求，在未采取有效隔离、通风等防范措施的情况下，于装满硫酸的储罐外进行焊接作

业。焊接过程产生的明火，遇储罐内达到爆炸极限的氢气，引发爆炸。

③无安全防护设施。硫酸储罐现场未设置事故存液池以及防护围堤等安全防护设施，导致 2.6 万 t 硫酸泄漏，造成事故扩大，引发较严重的次生环境灾害。

④企业非法建设。企业在该硫酸储存项目未经规划，未经环境保护部门进行环境影响评估，未经安全生产监督管理部门审批安全条件，未经发改部门办理项目备案，未经国土部门批准项目建设用地，未经建设部门审批施工许可，未办理工商营业执照的情况下，在临时用地上非法建设硫酸储罐。在建设过程中，擅自修改设计参数，雇用无资质人员施工，建造的储罐达不到安全要求。

（4）事故教训和整改措施

事故之后，经调查组了解，商贸公司法人勾某某在完成 4 个储罐基础工程后，11 月 13 日，勾某某与施工单位负责人张某某签订协议，建设硫酸储罐罐体施工工程。11 月 16 日，张某某带领 26 名施工人员按照勾某某要求开始储罐施工。由于正值硫酸价格偏低时期，勾某某急于大量购入硫酸囤积，不断催促张某某加快施工进度，但张某某却无法组织更多的施工人员，满足不了勾某某的要求。在 3 号、4 号储罐将要完工时，勾某某将 2 号储罐（发生爆裂储罐）施工工程发包给没有任何资质的电焊工李某某、刘某某 2 人，由他们组织人员依照张某某的施工方法作业。但李某某、刘某某的施工队伍不具备进行硫酸储罐焊接作业的能力，不能准确掌握合理的焊接工艺参数和焊接方法，2 号储罐罐壁存在未完全焊透等缺陷。至 2013 年 1 月，4 个硫酸储罐相继安装完成。在储罐焊接作业过程中，施工单位未对焊缝进行无损检测，也未对储罐的强度、刚度和气密性进行试验。

大型储罐用途各不相同，对于有工作压力、存放危险化学品的大型储罐，要求格外严格。就焊接来讲，所要焊接的储罐应满足焊接工艺和焊接材料的相关要求。在焊接大型储罐的罐顶板与包边角钢时，要求焊缝对称均匀分布，并沿同一方向分段退焊。焊接前应检查组装质量，清除坡口面及坡口两侧 20 mm 范围内的铁锈和污物，并应充分干燥。缺陷深度或打磨深度超过 1 mm 时，应进行补焊，并打磨平滑。深度超过 0.5 mm 的划伤，如电弧擦伤、焊疤等有害缺陷，应打磨平滑，打磨后的钢板厚度应不小于钢板名义厚度扣除负偏差值。在焊接过程中，要对焊缝进行无损检测；焊接完成后，要进行储罐的强度、刚度和气密性试验。

在这起事故中，商贸公司法人勾某某为了赚钱，不顾相关法律、法规和规章制度要求，非法建设、非法施工，结果造成人员伤亡事故，自己也因此被追究刑事责任。

13. 工作窗焊接质量存在缺陷导致热力管线爆裂

2011 年 3 月 16 日，北京市海淀区车公庄西路发生一起热力管线爆裂事故，造成 7 人受伤，直接经济损失约 26 万元。

（1）事故相关情况

某热力集团有限责任公司调度中心（本案例中简称调度中心）是供热输配运行的调度指挥中心，其调度指令通过内部专用网络系统或电话，分别对供热方北京某热电股份有限公司（本案例中简称供热方）和输配分公司进行调度指挥。

海淀区车公庄西路发生爆裂的管线为集中供热一次管线主干管，该管线于 1992 年投入使用，管道内径 1 m，设计标准为水温 150 ℃、压力 1.6 MPa。事故地点位于首体南路与车公庄西路交叉路口中央，一个相对封闭的热力管线检查维修室内。该检查维修室长 12.6 m，宽 10 m，高 4.5 m，四周墙壁及底板厚约 0.5 m，顶板高约 0.4 m，顶板上铺设有沥青。

该管线由输配分公司负责日常维护和检修，并执行调度中心的调度指令，对供热用户端进行调节，保证输配管网的正常运行。

（2）事故发生经过

2011 年 3 月 15 日，调度中心电话通知供热方，3 月 16 日开始停暖，请供热方调整出口压力、温度、流量，注意减负荷运行，但未明确压力、温度、流量标准。15 日 21 时 10 分，供热方将供水压力降到 0.93 MPa，水温降至 125.63 ℃。随后，供水压力和温度均呈上升趋势。16 日 8 时 2 分，供水压力上升到 1.1 MPa，温度为 135.25 ℃。调度中心值班调度员 3 次要求供热方降温至 120 ℃运行，供热方回复正在调整。因水温下降需要一定时间，实际供水温度并未立即下降。

16 日 9 时 5 分，供水压力和温度已分别升至 1.18 MPa 和 137 ℃。9 时 40 分，位于海淀区首体南路与车公庄西路交叉路口中央检查井内热力管道上一块 600 mm×600 mm 的工作窗补板发生爆裂，高温热水将检查井的顶板及沥青路面冲开，喷出路面。供水压力于 9 时 46 分骤然下降到 0.38 MPa。

由于事故地点位于交叉路口中央，致使南北、东西交通临时中断，并造成 7 名路人轻微烫伤。事故管道及路面经紧急抢修，于 3 月 18 日 0 时 20 分恢复正常，3 时 30 分管线注水，逐步恢复正常供热。

（3）事故原因分析

1）直接原因。2005 年输配分公司对管线及阀门进行检修时，为方便检查维修，在位于海淀区首体南路与车公庄西路交叉路口中央检查井内，在热力管道上打开一处 600 mm×600 mm 的工作窗。检修完毕后，又将切割下的材料作为盖板重新焊接在开口的部位，将工作窗封闭。工作窗焊接质量存在缺陷，从而导致事故。

2）间接原因。

①2005 年输配分公司对热力管道上 600 mm×600 mm 的工作窗进行焊接后，未明确标记和记录焊接位置，有关的施工检验记录缺失，造成日后在管线巡检维护中，未能针对全管线的薄弱处进行重点检查维护，未及时发现和消除事故隐患。

②管道在长期运行过程中发生腐蚀和老化。停暖阶段管道负荷变化较大，管内压力、温度变化频繁且幅度较大，加速了管网，特别是各焊接点的腐蚀和老化，对管线的安全运行产生不良影响。

（4）事故教训和相关知识

在事故调查中了解到，施工作业人员未按照相关标准的要求施焊，在只能单面焊接的条件下，没有制定详细的技术方案，也没有进行专门的焊接工艺评定，没有开坡口，将切割下来的盖板直接焊接到原位置上，并且未采取其他补强措施，导致焊缝处存在未熔合、未焊透等缺陷，直接影响焊缝承压能力，降低整个系统的耐压等级，在系统压力变化时很容易发生开裂；焊接作业完成后，也没有按照相关规定，对焊口质量、表面质量进行无损探伤检验，未进行强度和严密性试验，致使管线存在事故隐患，最终发生事故。因此，这起事故被认定为是一起由于设施本质安全有缺陷、企业安全管理制度缺失而导致的生产安全事故。

需要注意的是，管道在长期运行过程中会发生腐蚀和老化，腐蚀对焊接点的影响更大，因此，在管道上进行焊接作业，要特别重视焊接质量，预防焊接质量存在缺陷。此外，在日常检查工作中，应该对焊接点较多的部位进行重点检查，预防这些部位出现泄漏。

14. 建筑结构设计存在严重缺陷钢结构楼房整体倒塌

2009 年 10 月 28 日 14 时左右，北京某金属结构有限公司（本案例中简称金属结构公司）在不具备施工资质的情况下非法组织施工 4 层钢结构楼房，在建过程中楼房整体倒塌，造成 3 人死亡、2 人受伤。

（1）事故相关情况

金属结构公司成立于 2009 年 2 月 17 日，经营范围：金属结构、通用零部件、建筑材料、装饰材料、金属制品、汽车配件等。

2009 年 5 月 10 日，金属结构公司法定代表人苏某某与史某某和刘某 2 人签订在院内建设 4 层钢结构楼房的工程施工合同，施工工期为 2009 年 5 月 10 日至 10 月 30 日。金属结构公司于 2009 年 8 月 15 日进入场地施工，该公司工人陈某某在苏某某不在现场时，作为施工现场负责人，组织工程施工。

（2）事故发生经过

2009 年 10 月 26 日晚，施工现场负责人陈某某租用一台个人挂靠在大兴区旧宫镇某汽车运输队的 25 t 汽车吊车（车主：王某某，司机：王某），用于施工钢结构和楼板吊装。10 月 27 日，吊车进入施工现场作业。

10 月 28 日下午，陈某某带领本单位临时雇用的 8 名工人进行钢梁和水泥预制板的吊装作业。2 名汽车吊司机负责汽车吊操作，3 人在地面上负责把钩，3 人和 2 人分别在 3 层、4 层负责横梁和水泥预制板的安装。

13 时 45 分左右，当吊装完部分横梁和水泥预制板后，陈某某指挥汽车吊司机开始起吊 3 层东北侧横梁。作业人员蒙某某在上完横梁一头的螺栓后，发现立柱间距过宽致使另一头的螺栓无法紧固，便要求汽车吊司机王某将横梁静止悬吊在 4 层北侧。陈某某在地面指挥 5 人使用倒链校正立柱间距。曹某某在刚刚拉紧倒链时，整个钢结构建筑主体便由东向西整体倾倒，在楼上作业的 5 人随倒塌建筑主体从高处坠落并被倒塌的钢梁和水泥预制板砸中。

事故发生后，现场人员立即施救受伤人员并拨打"120"急救电话，将受伤人员分别送往大兴医院和亦庄医院救治。事故造成2人当场死亡、3人受伤，其中1名伤者送医院后，因抢救无效死亡。

（3）事故原因分析

1）直接原因。该非法建筑的结构设计存在严重缺陷，没有设立柱间支撑，无法形成抗侧力体系，在楼面荷载和施工荷载增大的条件下，受到施工扰动，导致房屋整体倒塌。

2）间接原因。

①该非法建设项目设计图纸存在严重缺陷。金属结构公司没有任何施工和建设工程设计资质，提供虚假施工安全许可资质，非法承揽工程设计和施工。施工现场管理混乱，没有施工实施方案和安全技术交底，未配备安全管理人员和技术负责人员。

②项目建设方执意进行非法建设。经查，该施工项目未办理规划许可和施工许可手续，项目建设方对村和镇安全检查人员在检查中指出的非法建设以及施工单位无资质问题，未采取任何整改措施，也未按照检查指令停止施工。

（4）事故教训和相关知识

事故之后，经现场勘查，该钢结构4层楼房南北长26 m，共5根立柱，柱间距6.5 m；东西长36 m，共7根立柱，柱间距6 m。事故发生时，东南角部分钢结构立柱、主梁、系杆和部分混凝土圆孔板已安装完，柱墩地基建设已完成。

经事故现场检测分析，施工现场柱脚传递弯矩能力很弱，属于铰接柱脚；主梁、系杆与立柱的连接是用立柱上焊接的耳板通过螺栓与工字形截面的主梁、系杆的腹板连接，尤其是系杆与立柱只用2个螺栓连接于抗弯能力很弱的柱腹板上，也属于铰接；整个结构在整体倒塌前，没有设立柱间支撑，该结构整体上未形成抗侧力体系，属于几何可变体系。也就是说，这个钢结构建筑属于几何可变体系，而不是几何不可变体系，时刻都有可能倒塌。

这起事故被认定是一起个人非法建设、施工单位非法施工引发的较大生产安全责任事故。非法建设工程的建设方实际负责人刘某，因未按规定办理建设规划许可证和施工许可证；未聘请有设计资质的单位对建设项目进行设计；未将苏某某提交的施工图送审查机构审查，致使没有发现工程设计中存在的严重缺陷等，被依法追究刑事责任。金属结构公司法定代表人苏某某，未取得建筑施工单位安全生产主要负责人资格，使用虚假资质证书非法承揽工程设计和施工，对本起非法建设引发的事故负有直接责任，也被依法追究刑事责任。

15. 混凝土搅拌楼安装存在缺陷承载能力不足坍塌

2017 年 3 月 30 日 14 时 45 分左右，位于湖南省长沙市天心区暮云经开区的湖南某混凝土有限公司（本案例中简称混凝土公司）发生一起较大坍塌事故，造成 3 人死亡、1 人受伤，直接经济损失 533.55 万元。

（1）事故相关情况

混凝土公司于 2006 年正式投产，总面积 2 230.6 m²，有混凝土生产线 4 条。

2009 年年底，为了扩大生产能力，混凝土公司决定在原有 3 条生产线的基础上，再增加 1 条生产线。2010 年 1 月 3 日，该公司总经理禹某某与广州市某工程机械有限公司（本案中简称机械公司）和广州市某机械设备安装有限公司（本案例中简称安装公司）签订了混凝土搅拌站购销合同，合同约定：混凝土公司向机械公司购买 1 套

HZS240 型间歇式水泥混凝土搅拌站设备，现场安装、调试、运输、服务等由安装公司承担。

该生产线的储存罐（该生产线共有 4 个储存罐，其中 1 号和 2 号为水泥储存罐，3 号为矿粉储存罐，4 号为粉煤灰储存罐）和支撑钢结构采取现场采购、现场焊接拼装的方式，安装公司将储存罐和支撑钢结构的焊接拼装承包给了赵某某的施工队伍。该生产线的搅拌设备于 2010 年 4 月安装到位并进行了验收，于 2010 年 5 月投入使用。

（2）事故发生经过

2017 年 3 月 30 日下午，按照混凝土公司的工作安排，公司的搅拌楼主任阳某某带领 2 名员工进入 4 号生产线搅拌楼第 2 层的主机房对混凝土搅拌机进行维修。13 时 40 分左右，1 台水泥槽车行驶到该生产线南侧指定卸料位置，开始往 1 号水泥储存罐输送散装水泥（俗称"打灰"），当时还有 1 台挖掘机正在该生产线的东北侧进行废料清理作业。

14 时 45 分左右，水泥槽车的车主康某某突然听到金属断裂的声音，并发现该生产线的 4 号储存罐开始往东南倾斜，于是大声呼叫司机陈某"快跑"。2 人刚刚逃离危险区域，4 号储存罐随即倾倒在 1 号储存罐的罐身上，并带动 1 号、2 号、3 号储存罐一同往东南方向倾倒，造成 4 号生产线搅拌楼整体坍塌。

接到事故报告后，相关部门立即启动了事故应急救援预案，先后调集救援人员 200 余人和多台吊车、挖掘机、渣土运输车等全力搜救被困人员。16 时 10 分左右，救援人员找到了被掩埋的挖掘机司机许某，并迅速将其送往就近医院。3 月 31 日 6 时 30 分，救援人员找到了被掩埋的另外 3 人，经"120"急救医生确认，3 人均已无生命体征。

（3）事故原因分析

1）直接原因。

①4 号生产线搅拌楼的安装设计存在缺陷，设计承载能力不足。

②4 号生产线搅拌楼支撑钢结构焊接施工人员专业素质不强，加上焊接施工时偷工减料，导致 4 号生产线搅拌楼支撑钢结构焊接工艺十分粗糙，焊接质量存在严重缺陷。

③4 号生产线搅拌楼在使用多年后，焊接质量缺陷导致支撑钢结构的承载能力和抗失稳能力严重降低，也加快了焊缝的锈蚀，并在外力作用下引起坍塌（4 个罐体均满载粉料，另调查组从湖南省气象局调取的气象资料显示，事故发生时混凝土公司所在地域风力为 2~4 级，但据事故现场人员反映，当时阵风风力达到无法正常撑伞的地步）。

2）间接原因。

①安装公司安排的设计人员专业能力不强，导致 4 号生产线的安装设计存在缺陷。

②机械公司未针对搅拌楼的技术复杂性和质量安全要求安排熟悉钢结构焊接、安装相关专业知识的人员担任项目经理。

③安装公司施工人员专业操作水平差，质量安全意识不强；对钢结构的焊接质量把关不严，竣工验收不专业、不仔细，未及时发现和纠正钢结构焊接施工中存在的质量缺陷。

④混凝土公司对 4 号生产线的施工质量验收把关不严，该公司安排的 4 号生产线安装验收负责人不熟悉钢结构焊接施工业务，不具备发现和解决施工质量问题的专业能力；在多年的使用过程中，隐患排查不深入、不细致，未及时发现搅拌楼支撑钢结构施工中存在的质量缺陷和事故隐患。

（4）事故教训和相关知识

事故发生后，经检测认定：4 号生产线搅拌楼支撑钢结构所选用的钢材与普通碳素结构钢标准相符，其钢号大多数符合 Q235、少数符合 Q345 牌号要求，所用钢材非假冒劣质产品。但经过宏观检验，有的储存罐支撑圆管、立柱、支撑平台与法兰焊接的主要连接部位在事故发生后已经完全断裂，焊接断裂处几乎无塑性变形，断口上全部面积已经生锈并粘有异物，并非短期可以形成，证明这些重要的连接节点在搅拌楼坍塌前基本已经处于断开状态。

经抽样检测，焊接工艺主要存在以下缺陷：一是未按设计和规范要求开坡口，造成焊缝未焊透、未融合，甚至出现焊接裂纹等缺陷，致使构件节点连接的刚度及承载能力达不到要求。二是偷工减料。由于现场加工条件差，施工人员采用氧炔焰切割加工，在下料时多处出现了尺寸短缺的问题，本应重新更换合适尺寸的材料，但施工人员为了图省事，在尺寸短缺部位加塞钢筋再进行焊接。这种焊接方式改变了焊缝的应力分布，加大了开裂风险。三是焊接工艺参数选用不当。由于焊接时电流过大、温度过高、焊接速度过快，有的金属基体熔穿、开裂，焊缝内存在气孔和焊渣，导致应力集中和加速腐蚀，降低了结构的承载能力和耐久性。

经调查认定，这是一起因设备安装质量缺陷引起的较大生产安全责任事故。对此，要求混凝土生产企业在新建混凝土搅拌站时，要针对搅拌楼建设的结构特点和质量安全要求，选择有设计、施工资质的单位进行设计、施工。在组织安装施工前，安装单位项目负责人或技术负责人必须亲自向全体操作人员进行技术交底和安全交底。严格落实各项规章制度和操作规程，加强对施工现场和作业情况的检查，严格按照法律、法规的规定组织施工，杜绝各类违章行为的发生。每一个工序完成后要认真组织好检查验收，防止留下质量安全隐患。对已建成但已使用多年的搅拌站（特别是早期建设的搅拌站），要委托有资质的单位进行全面检测，及时消除存在的质量安全隐患。加强对设备设施的维护保养，使之保持良好的工作状态。加大对员工的教育培训力度，增强员工的法律、法规意识，保证员工具备必要的安全知识，掌握本职岗位的安全生产操作技能，确保安全生产。

班组应对措施和讨论

设备安全管理的目的，就是在设备寿命周期的全过程中，采用各种技术措施，避免危害、避免事故。例如，在设计阶段，可采取安全设计、提高防护标准等来预防使用中的危险；在使用阶段，可采取制定安全操作规程，做好维护检修，落实预防技术措施，加强人员教育培训等方法。如果设备安全管理存在疏漏，那么不可避免会发生事故。

（1）设备本身不安全导致的事故

在设备的运行中，如果设备本身存在不安全之处，那么这个不安全之处（事故隐患），犹如一颗随时等待爆炸的炸弹，条件具备，就会引发爆炸。一起由于设备本身不安全导致的事故如下：

赵某年纪不大，但工龄已近 10 年，他在工作中积极进取，业务素质提高很快。2005 年 10 月工厂筹建橡胶粉碎车间，购进了一套全新的橡胶粉碎生产线，赵某凭着良好的工作成绩，当选为新车间的班长。

2006 年 2 月 17 日下午，赵某和其他 2 名同事启动设备，开始进行橡胶粉碎。生产中为方便捡橡胶块，赵某用左手扶了一下设备，手臂瞬时被输送带夹进设备内。由于橡胶粉碎设备噪声大，工作时需要佩戴耳塞，赵某的呼救声被轰隆隆的机器声淹没。当同事发现异常时，赵某的上半身已经趴在设备上。现场人员迅速切断电源开关，割断输送带，拨打"120"急救电话。因为伤势较重，医生只得为赵某进行左臂截肢处理。一位刚刚 30 岁的年轻人，就这样失去了一条左臂。

事故之后经分析，挤断赵某手臂的是输送机的被动轮，该被动轮直径 200 mm，输送带宽 650 mm，离地约 500 mm，与主动轮间距约 6 m。输送带在被动轮两端各有 70 mm 的间隙，事故发生时的传送速度为 157 mm/s，投料频率约为 4 块/min。由于主动轮、被动轮及输送带两侧没有设计和安装防护罩，存在设计缺陷，人员在操作时很容易发生绞伤事故，这是造成事故的主要原因。

（2）实现设备安全的途径

实现设备安全的途径主要有设备的本质安全化，采用安全防护装置，采用控制技术加以控制，加强设备的安全管理等措施。

设备的本质安全是指操作失误时，设备能自动保障安全；当设备出现故障时，能自动发现并消除故障，确保人身和设备安全。为使设备达到本质安全而进行的研究、设计、改造和采取各种措施的最佳组合，称为本质安全化。

设备是构成生产系统的物质系统，而物质系统存在各种危险、有害因素，为事故的发生提供了物质条件。要预防事故发生，就必须消除危险、有害因素，控制物的不安全状态。本质安全的设备具有高度的可靠性和安全性，可以杜绝或减少伤亡事故，减少设备故障，从而提高设备利用率，实现安全生产。本质安全化正是建立在以物为中心的事故预防技术和理念之上，强调先进技术手段和物质条件在保障安全生产中的重要作用，通过运用现代科学技术，从根本上消除能形成事故的主要条件；如果暂时达不到时，则采取两种或两种以上的安全措施，达到最大限度的安全。同时尽可能采取完善的防护措施，避免人体受到伤害。设备本质安全化的程度并不是一成不变的，它将随着科学技术的进步而不断提高。

从设备的设计、使用过程分析，要实现设备的本质安全化，可以从以下 3 方面入手：

1）设计阶段。采用技术措施来消除危险，使人不可能接触或接近危险区。例如，在设计中对齿轮系采用远距离润滑或自动润滑，即可避免因加润滑油而接近危险区。又如，将危险区完全封闭，采用安全装置，实现机械化和自动化等，都是设计阶段应该考虑的安全措施。

2）操作阶段。建立有计划的维护保养和预防性维修制度；采用故障诊断技术，对运行中的设备进行动态监测，避免或及早发现设备故障；对安全装置进行定期检查，保证安全装置始终处于可靠和待用状态，提供必要的劳动防护用品等。

3）管理措施。指导设备的安全使用，向作业人员提供有关设备危险性的信息、安全操作规程、维修安全手册等技术文件；加强对作业人员的教育和培训，提高作业人员发现危险和处理紧急情况的能力。

根据事故致因理论，事故是物的不安全状态和人的不安全行为在一定的时空环境里交叉所致。据此，实现本质安全化的基本途径如下：从根本上消除发生事故的条件，即消除物的不安全状态，如采用替代法、降低固有危险法、被动防护法等；使设备能自动防止操作失误和设备故障，即避免人操作失误或设备自身故障所引起的事故，如采用联锁法、自动控制法、保险法；采取措施防止物的不安全状态和人的不安全行为交叉，如密闭法、隔离法、避让法等；通过人、机、环境系统的优化配置，使系统处于最安全状态。

总之，本质安全化从物的方面入手，提出防止事故发生的技术途径与方法，对于从根本上发现和消除事故隐患，防止误操作及设备故障可能导致的伤害具有重要的作用。

（3）安全装置的重要作用

在企业生产中，设备上所使用的安全装置种类繁多，按安全装置的使用功能，大体可分为两大类：安全保护装置和安全控制装置。

安全保护装置是指配置在机械设备上能防止危险部位及危险因素引起伤害，保障人身和设备安全的所有安全装置。当操作人员处于危险区或设备处于不安全状态时，安全保护装置能直接起安全保护作用，如隔离防护安全装置、联锁防护安全装置、超限保险安全装置、紧急制动装置等。

安全控制装置本身并不直接参与人身保护动作，根据其作用方式不同，又可以分为安全防护控制装置和安全监测控制装置。在使用中，可以将监测仪器和控制系统结合在一起，以达到预定的安全水平。安全控制装置一般用在自动化机械或装置上，将监测仪器置于设备的适当部位，在设备运转中定期或连续监测其状态参数（振动、声音、温度、压力等）的变化，以此来反映设备的运行状态。当设备的状态参数变化到接近设定值时，报警器发出警报信号，提醒操作人员和维修人员注意；当状态参数超过设定值时，控制系统马上发出指令并驱动执行机构降低危险性水平或切断设备电源，使设备停止运转。

安全装置对于保障人员安全具有十分重要的作用，具体体现在以下几个方面：

1）隔离防护安全装置。隔离防护安全装置是专为保护人身安全而设置的。该装置有的是装在机械设备上的防护罩，有的是置于机械设备周围一定距离的防护屏或防护栅栏，它们的作用都是防止人进入危险区，阻止人与外露的高速运动零部件接触，避免飞出的切屑、工件、刀具等外来物伤人。

2）联锁防护安全装置。联锁防护安全装置的特点主要体现在"联锁"二字上。联锁表示既有关系，又相互制约（互锁）的两种运动或两种操纵动作的协调动作，以实现安全控制。联锁防护安全装置是各类设备用得最多、最理想的一种安全装置。联锁装置可以通过机械、电气或液压、气动的方法使设备的操纵机构相互联锁，或使操纵机构与电源开关直接联锁。

3）超限保险安全装置。机械设备在正常运转时，一般都保持一定的输入、输出运行参数和工作状态参数。当设备由于某种原因发生故障时，这些参数（振动、噪声、温度、压力、负载、速度、位置等）可能发生变化，并超出规定的极限值，如果不及时采取措施，可能发生设备或人身事故。超限保险安全装置就是为防止这类事故发生而设置的，它可以自动排除故障并自动恢复正常运行（特殊情况除外）。

4）越位安全装置。机械设备以一定的速度运动时，有时需要改变其运动方向或运动速度，或将其停止在指定的位置。例如，在自动化机械加工中，刀具的运动有快速趋近、慢速工进、停止运动等变速程序要求。设备执行件运动都有一定的行程限度，如果超越规定的行程，就可能发生撞坏设备或撞伤人的事故。为此，必须设置越位安全装置。越位安全装置有机电式、液压式等。

5）超压安全装置。超压安全装置的作用是当设备内部的流体介质压力超过规定限值时进行泄压。它广泛用于锅炉、压力容器，因为这些设备若超压运行就可能发生爆炸和泄漏等重大事故。超压安全装置主要有安全阀、防爆膜、卸压膜等。按结构及泄压方法不同，超压安全装置又可分为阀型、断裂型（破坏型）、熔化型及组合型等。其中，安全阀是锅炉、气瓶等压力容器中重要的超压安全装置。当容器中介质压力超过允许压力时，安全阀就自动开启，排气降压，避免因超压而引起事故；当介质压力降到允许的工作压力之后，安全阀便自动关闭。

6）紧急制动装置。紧急制动装置也属于安全装置，其作用如下：当设备出现异常现象（如声音异常、零部件松动、振动剧烈，有人进入危险区等），可能导致设备损坏或造成人身伤害时，立即将运动零部件制动，中断危险事态的发展。例如，在危险位置突然出现人，操作人员的衣服被卷入设备或人受到伤害，运行部件越程与固定件或运动件相撞等紧急情况下，为了防止事故发生或阻止事故继续发展，必须使设备紧急制动。按制动方式不同，紧急制动装置可分为机械制动装置和电力制动装置。

7）监测控制与警示装置。当设备发生故障或人处于危险区域时，随时有可能发生设备损坏或人身伤亡事故。在这种情况下，该类装置的监测仪器向操作人员或维修人员发出危险警报信号，以提醒人员注意，并采取相应措施避免事故发生。

8）防触电安全装置。触电是人机系统中造成人身伤亡事故的重要原因之一，为了保障操作人员及维修人员的安全，设备上一定要设置防触电安全装置及采取安全措施，如设置断电保险装置、电容器放电装置及接地。

总之，安全装置是设备本质安全化的基础，而设备本质安全化是保障安全生产的"物"的条件，要确保安全生产就必须消除设备在生产过程中所产生的各种危险、有害因素。

（4）控制设备的危险、有害因素

安全工作的目的是消除或控制危险、有害因素，保障安全生产。根据设备本质安全化原理，要消除生产设备的危险、有害因素，应遵循以下基本原则：

1）消除潜在危险原则。这一原则的实质是随着科学技术不断进步，在工艺流程中和生产设备上设置安全装置，增加系统的安全可靠性，即使人的不安全行为（如违章作业或误操作）已发生，或者设备的某个零部件发生了故障，也会由于安全装置的作用（如自动保险和失效保护装置等的作用）而避免伤亡事故的发生。

2) 减弱原则。当危险、有害因素无法根除时，应采取措施使之降低到人们可接受的水平，如依靠个体防护降低吸入尘毒的数量，以低毒物质代替高毒物质等。

3) 距离防护原则。生产中的危险因素对人体的伤害往往与距离有关，人体距离危险因素越远，受到的伤害越小。因此，采取安全距离防护是很有效的。例如，对触电的防护、对放射性或电离辐射的防护，都可应用距离防护原则来减弱危险因素对人体的危害。

4) 防止接近原则。使人不能进入危险、有害因素作用地带，或防止危险、有害因素进入人的操作地带，如采用安全栅栏，冲压设备采用双手按钮等。

5) 时间防护原则。使人处于危险、有害因素作用环境中的时间缩短到安全限度之内，如对体力劳动和严重有毒有害作业实行缩短工时制度。

6) 屏蔽和隔离原则。在危险因素的作用范围内设置障碍，同操作人员隔离开来，避免危险因素对人的伤害，如转运、传动机械的防护罩及放射线的铅板屏蔽等。

7) 坚固原则。以安全为目的，提高设备的结构强度和安全系数，尤其在设备设计时更要充分运用这一原则，如起重设备的钢丝绳、坚固性防爆电机外壳等。

8) 设置薄弱环节原则。这个原则与坚固原则恰巧相反，是利用薄弱元件，在设备上设置薄弱环节，危险因素在达到危险值以前，已预先将薄弱元件破坏，使危险终止，如电气设备上的熔丝，锅炉、压力容器上的安全阀等。

9) 闭锁原则。闭锁原则就是以某种方法使一些元件强制发生互相作用，以保证安全操作。例如，载人或载物的升降机，其安全门不关上就不能合闸开启；高压配电屏的网门，当合闸送电后就自动锁上，维修时只有拉闸停电后网门才能打开，以防触电。

10）取代操作人员原则。在不能用其他办法消除危险因素的条件下，为摆脱危险因素对操作人员的伤害，可用机器人或自动控制装置代替人工操作。

11）禁止、警告和报警原则。这是以人为目标，对危险部位给人以文字、声音、颜色、光等信息，提醒人们注意安全。例如，设置警示标志，写上"此处危险，不准进入""高压危险，禁止靠近"等；车间起重设备运行时，用铃声提醒人们；设置不同颜色的信号等。

（5）班组讨论

1）你对本班组的设备熟悉吗？知道设备的运行原理吗？你愿意学习和了解本班组设备的有关知识吗？

2）在你的工作经历中，曾经遇到过设备故障吗？如果遇到过，设备发生故障后你采取了什么措施？

3）在你的工作经历中，是否遇到过设备事故？发生设备事故后出现人员伤亡的原因是什么，你了解吗？

4）你认为实现设备安全有哪些途径？班组员工能做些什么？

5）你熟悉企业在生产场所设置的各种警示标志的含义吗？

二、设备缺乏维护引发的事故

人有生老病死，设备也有寿命周期。设备在其寿命周期内都有发生事故的可能，区别只在于发生频率和损失严重程度不同。因为在设备的设计、制造、试验、安装、使用等各个阶段都可能产生各种类型的危险因素，在一定条件下，如果对危险因素失去控制或防范不周，就可能发生事故。从设备故障发生率来看，故障发生率不是一成不变的，而是分为初期故障期、偶发故障期、损耗故障期3个阶段，在最后一个阶段，设备零部件经过长时间的频繁使用，逐渐出现老化、磨损以及疲劳现象，设备寿命逐渐衰竭，因而处于故障频发状态。因此，必须加强对设备的维护维修，努力消除不安全因素，保障设备的正常运行。

16. 机泵高速运转中轴承严重损坏导致介质泄漏着火

2015年4月10日，辽宁省大连市某石油化工有限公司（本案例中简称石化公司）加氢裂化装置汽提塔塔底泵泄漏着火，塔底泵上方一条管线（直径200 mm）开裂，管线内油气在开裂处燃烧，事故造成3台泵、泵上方框架、少量仪表和动力电缆过火，一条管线开裂，无其他设备损坏，无人员伤亡。

（1）事故相关情况

石化公司成立于1990年11月，年原油加工能力1 000万t，有16套主要生产装置。

（2）事故发生经过

2015年4月10日22时57分，石化公司主控室操作员通过视频监控，发现加氢裂化装置汽提塔附近泵区着火，经确认，为汽提塔塔底泵泄漏着火。公司紧急泄压，切断并隔离汽提塔进出料管线阀门，操作装置退守到稳定状态，消除事故进一步扩大的可能性。

23时，石化公司消防车辆到达现场灭火冷却，23时30分火势减弱。由于电缆过火，须手动关闭全部切断阀，为确保人员安全、不发生次生灾害，石化公司待汽提塔、塔底泵彻底隔离，确保安全后，于11日1时35分扑灭塔底泵明火。为防止可燃气体聚集，导致次生事故，石化公司采取消防冷却控制燃烧的方式对管线开裂处火点留明火，管线及其连通装置内的油气基本燃尽后，4时50分余火完全熄灭，并成功封堵管线及装置内残存的油气。

事故造成3台泵、泵上方框架、少量仪表和动力电缆过火，一条管线开裂，无其他设备损坏，无人员伤亡。事故未对周边大气环境造成明显影响，消防水全部收集储存，没有外排。由于公司按照原定计划随即进入检修状态，事故没有造成间接损失。

（3）事故原因分析

1）直接原因。机泵在高速运转过程中，由于轴承严重损坏，设备产生剧烈振动，导致机械双密封快速同时失效，介质泄漏，又因轴承体摩擦产生高温，引发着火。

2）间接原因。

①企业安全管理不到位，在组织排查事故隐患时，未能及时发现

和消除机泵和轴承存在的问题。

②企业设备管理方面存在较大漏洞，缺乏对作业现场的设备检查，未能及时发现机泵轴承问题，未能及时发现汽提塔塔底泵密封失效问题。

（4）事故教训和相关知识

事故之后，通过对泵解体检查，发现轴承损坏是密封快速失效的主因。

长期的统计表明，任何设备从出厂之日起，其故障发生率并不是一成不变的，可以分为 3 个不同的阶段。初期阶段即设备开始使用的阶段，一般故障率较高，但随着设备使用时间的延续，故障率将明显降低，此阶段称初期故障期，又称磨合期。初期故障期时间的长短因设备系统的设计与制造质量而异。设备使用进入平稳阶段，故障率大致处于稳定状态，趋于一个较低的定值，表明设备进入稳定的使用阶段。在此期间，故障发生一般是随机突发的，并无一定的规律，此阶段为偶发故障期。设备使用进入后期阶段，经过长期使用，故障率再一次上升，且故障带有普遍性和规模性，设备的使用寿命接近终点，此阶段称损耗故障期。在此期间，设备零部件经长时间的频繁使用，逐渐出现老化、磨损以及疲劳现象，设备寿命逐渐衰竭，因而处于故障频发状态。

在企业的设备管理中，要针对设备所处的不同时期，采取不同的维护保养、检查维修手段，从而保障设备的正常运行。

1）做好设备的日常维护保养。设备的日常维护保养，是为防止设备劣化、保持设备性能而进行的以清扫、检查、润滑、紧固、调整等为内容的日常维修活动。不同的设备有不同的维护保养内容，可根据实际需要进行。例如，该保暖的保暖，该降温的降温，该去污的去污，该注油的注油，使之保持安全运行状态。

2）做好设备运行中的检查。设备检查一般分为日常检查和定期检查。日常检查是指操作人员每天对设备进行定项、定时检查。日常检查可以及时发现、消除设备异常，保障设备持续安全运行。定期检查是指由专业维修人员协同操作人员定期进行检查。通过检查，查明问题，以便确定设备的修理种类和修理时间，从而消除设备异常状态，确保设备安全运行。

3）做好设备的定期修理。按照设备事故的变化规律，定期做好设备修理，是保障设备性能，延长使用寿命，巩固安全运行可靠性的重要环节。设备修理的种类，按照设备性能恢复程度，一般分为小修、中修和大修3种类型。对于重要设备，特别是长期运转的动态设备、危险性较大的设备，到了规定时间，不论设备技术状态怎样，都必须按期进行强制性修理。

4）做好设备的更新改造。根据需要和实际情况，有计划、有步骤地对老旧设备进行更新改造，并按规定做好设备报废工作，是保障设备安全运行和提高经济效益的重要措施。设备使用至老化期，性能严重衰退，不仅影响正常生产，还可能导致事故发生；由于延长了设备的使用时间，相应增加了检修次数和材料消耗；设备精度降低，可能导致质量事故。因此，该报废的设备必须报废。

5）吸取事故教训，避免同类事故重复发生。设备事故发生之后，要按"四不放过"原则进行讨论分析，从中确认是设计问题，还是使用问题；是日常维护问题，还是长期失修问题；是技术问题，还是管理问题；是操作问题，还是设备失灵问题等，从而有针对性地采取安全防范措施，避免同类事故再次发生。

17. 供油一次阀盘根和阀体结合处燃油泄漏引发火灾

2013 年 3 月 17 日 18 时左右，山东省潍坊市某热电有限公司

(本案例中简称热电公司) 3 号锅炉发生一起火灾事故，造成 2 人死亡、1 人受伤，直接经济损失 300 余万元。

（1）事故相关情况

热电公司于 2003 年 10 月 15 日注册成立，经营范围：生产和销售电力、热力，生产过程中产生的废水、废渣、废灰、废气的综合利用及相关产品的销售。

公司拥有 1×130 t/h 生物质锅炉和 35 MW 汽轮发电机组新能源生物质发电系统一套、2×130 t/h 生物质锅炉和 35 MW 燃煤机组一套、供热管网 30 余千米，年供蒸汽 340 万 t、供暖 400 万 m^2、发电 3.35 亿 kW·h。

（2）事故发生经过

2013 年 3 月 17 日 16 时，热电公司生产技术部锅炉丙班上班后，为 1 号锅炉做点火准备工作。首先进行燃油系统循环，供油泵启动后，通过电脑监控发现管道压力偏低，班长高某某就去检查位于 1 号锅炉点火平台处的回油总门，发现开度比较大，判断这是压力偏低的原因。

18 时许，主值班员庞某某到 3 号锅炉进行巡检，刚进 3 号锅炉本体，就看到 3 号锅炉西侧日用储油箱下层平台附近有明火，急忙跑回主控室，向值班长刘某某报告。刘某某带领庞某某、副值班员王某某赶到现场，看到西侧炉壁在着火，就开启消防栓进行灭火。正在附近打扫卫生的实习学员 3 人发现火情后也赶到着火部位附近帮助灭火。此时火势渐大，烟雾弥漫、视线不清，无法扑灭。庞某某、王某某、刘某某 3 人从管道护栏上爬到了 8 m 平台，进入主控室。3 名实习生 1 人跳楼逃生；1 人身上着火后，也从 8 m 平台处跳了下来；1 人身上着火后，未能逃离，被困火场。

现场人员拨打了"119""120"电话，启动事故应急救援预案，开展停电、设备停运、人员清点等工作。救护车到达现场后，将2名跳下实习生分别送往潍坊市人民医院、潍坊市中医院抢救。19时30分，现场大火被扑灭，在8 m平台西北角发现1名实习生遗体。1人在送到医院前死亡，1人经诊断为小腿骨折，后转院手术治疗，术后恢复良好。

（3）事故原因分析

1）直接原因。供油泵启动后，管道充压时供油一次阀的盘根和阀体结合处燃油泄漏，燃油滴落到下部3号锅炉检修孔附近后，被检修孔处的高温引燃，产生明火，火势迅速蔓延。2人在发现火势后奋不顾身投入灭火，因空间狭小，导致未能及时逃离现场，被烧伤致死。

2）间接原因。

①故障分析处置不当。1号锅炉进行燃油系统循环时管道压力偏低，排查、判断原因失误，导致未能及时、准确地进行处置，造成火灾发生。

②安全管理不到位。在春季安全大检查中未能排查出3号锅炉油路系统存在的事故隐患，设备巡检制度未能落到实处。

③火灾发生后，员工自我安全防护意识不强，现场应急处置不当。

（4）事故教训和相关知识

这起火灾事故被认定是一起由于燃油泄漏引起的生产安全责任事故。之所以发生燃油泄漏，是供油泵启动后，管道充压时供油一次阀的盘根和阀体结合处出现问题，该事故隐患在春季进行的安全大检查中未能被排查出来。

事故隐患是引发事故的导火索。事故隐患存在于生产的全过程，一般可以分为先天性事故隐患和后生性事故隐患。先天性事故隐患是指在设备设施的设计和制造过程中就潜伏着危险，出厂后转嫁到用户身上，本质上不安全而带有事故隐患。后生性事故隐患是指在使用过程设备设施不断变化，导致隐患不断生成。事故隐患有其产生、发展、消亡的过程，这也是事故隐患发展的3个阶段，即孕育阶段、形成阶段、消亡阶段。企业安全管理和设备管理的重要内容，就是要避免事故隐患的生成和发展，在孕育阶段和形成阶段通过安全检查、隐患排查，及时发现和消除隐患，从而避免事故发生。

在这起事故中，管道充压时供油一次阀的盘根和阀体结合处出现漏油现象，应该是一个过程，即原来不泄漏，以后逐渐出现渗漏，在不进行维修的情况下，会持续不断泄漏以至于发生事故。由此可见，为防范事故的发生，安全检查、隐患排查就非常重要。

事故之后，相关企业应深刻吸取事故教训，对发生事故的深层次原因进行分析研究，认真开展自查自纠活动，深入查找安全管理上的漏洞和生产设备设施存在的事故隐患，立即对生产场所进行一次全面拉网式大检查，对检查出的隐患要抓好整改落实。特别对此次事故中暴露出的日用储油箱与锅炉本体、燃油管路的阀门组与锅炉高温区域距离较近等问题，要立即整改到位。要严格现场管理，规范巡检维护，在今后的生产中要强化对作业现场的安全管理，充分考虑设备运行、维护的复杂性，特别要加强对燃油系统阀门的维护和检查，完善防护措施，确保设备巡检不走过场，切实提高热电生产的安全性、可靠性。

18. 加料斗支撑梁松动继续生产人员被挤压至加料斗坑底

2016年10月17日2时30分左右，河北省承德市某铸造材料有限公司（本案例中简称铸材公司）在硅砂烘干加料时加料斗倾斜，发生物体打击事故，造成 1 人死亡，直接经济损失 100 余万元。

（1）事故相关情况

铸材公司成立于 1998 年 5 月，经营范围：铸造材料、铸造设备生产和销售。

（2）事故发生经过

2016 年 10 月 17 日 0 时，铸材公司班长王某某等 6 人开始上大夜班，其中，于某负责煤气发生炉、硅砂烘干及上料斗上料工作。约 2 时 30 分，数控（覆膜砂混料）工发现没有料了，就喊烘干工于某，于某没有答应，于是数控工就通知了班长王某某。王某某在接到数控工通知后，前往煤气炉后面的加料斗处查看，发现加料斗在坑内已经倾斜，加料斗里的砂子已经漏到镶嵌加料斗的坑里。班长王某某赶紧给于某打电话，但未接通，大声喊于某也没人答应，找遍车间不见于某，班长王某某意识到于某可能被埋在了加料斗里。

事故发生后，王某某立即向当天值班人员报告，并立即组织现场人员对加料斗及镶嵌加料斗的坑进行清理。约 4 时，加料斗内的余砂清理完毕，现场人员用装载机将加料斗从坑内提升吊出，发现于某被挤压在镶嵌加料斗坑的东北角。现场人员立即拨打县医院"120"急救电话，随后将于某移出坑外。5 时左右，急救车赶到后将于某送往围场县医院进行抢救，于某经抢救无效死亡。

（3）事故原因分析

1）直接原因。作业人员违反操作规程到镶嵌加料斗的坑内查看时，加料斗倾斜，将其挤压在坑底，造成物体打击致死事故。

2）间接原因。

①企业隐患排查不彻底，存在盲区、死角。企业覆膜生产线于 2013 年年底投产，在隐患排查过程中，从未对加料斗支撑梁的安全状况进行排查，在加料斗支撑梁已经松动、脱焊的情况下，继续生

产，导致于某在加料坑内查看加料斗时发生物体打击事故。

②企业安全管理不到位。企业虽然制定了操作规程，但作业人员在实际操作中没有严格执行，违规操作，企业没有及时纠正和制止。

③加料斗的设计存在一定的缺陷。加料斗系统的设备设施均为非标产品，加料斗及支撑梁未通过有资质的单位设计和施工。

（4）事故教训和相关知识

在这起事故中，造成事故的主要原因有两个：一是作业人员违反操作规程到镶嵌加料斗的坑内查看时，加料斗倾斜，将其挤压在坑底；二是在隐患排查过程中，从未对加料斗支撑梁的安全状况进行排查，在加料斗支撑梁已经松动、脱焊的情况下继续生产，导致作业人员在加料坑内查看加料斗时发生物体打击事故。两个原因相比较，还是后面的设备原因更为重要，因为设备不安全，无论人员是否违章，都有可能发生事故。

设备是企业进行生产的重要基本手段。设备安全运行能促进生产发展，使企业获得经济效益；设备的异常状态会导致事故，破坏生产。因此，设备是重要的安全管理对象。在企业设备管理中，认识设备事故的一般规律，是预防和控制设备事故的前提。设备事故的一般规律，是指导致同类设备事故重复发生的普遍性规律。例如，设备由于设计制造异常、选用布局异常、维修保养异常、操作使用异常等，违背了生产规律而导致重复发生事故，就是此类设备事故的一般规律。就设备事故的一般规律而言，主要有4种情况：一是设备选用相关事故。在设备选用时认识不够，使技术性能和质量达不到要求，或者选用了已被淘汰的设备。二是环境相关事故。设备布局不合理，导致环境污染和温度、湿度、光线等异常。三是设备维修相关事故。没有按规定的时间对设备进行定时、定期检查检测，没有注意做好日常的维护保养，致使没有及时排除设备的异常状态（故障因素）。四是设备使用相关事故。安全操作规程不够完善，操作人员素质较差，企业缺乏预防、控制事故的能力，以及违章指挥、违章作业、超性能使用等。在这4种情况中，比较常见的是第三种与第四种情况，即设备维修、设备使用相关的事故。这起事故的发生，主要原因之一就是忽视对加料斗支撑梁安全状况的检查与维修，如果能够在事故发生前及时进行检查与维修，那么这起事故就有可能避免。

吸取事故教训，企业应加强内部管理，完善管理制度和操作规程，切实落实安全生产责任制。要认真落实国家的安全生产法律、法规、规章要求，严格生产场所安全管理，确保按标准和规范要求组织生产。要进一步加强对作业人员的安全教育和培训，加大隐患排查力度，杜绝盲区死角。重新对全公司的作业场所进行一次全面系统的隐患排查和专项检查，杜绝违章操作和冒险作业行为，确保安全生产。

19. 天车电机固定螺栓松动未能被及时发现导致物体打击

2014年1月20日16时40分，河北省深州市某焙烤机械有限公司（本案例中简称机械公司）发生一起物体打击事故，造成1人死亡，直接经济损失83万元。

（1）事故相关情况

机械公司成立于2009年5月，经营范围：面包制作设备、食品烤炉、食品搅拌机、食品模具、烤箱配件等。

发生事故的设备为电动单梁起重机（本案例中简称天车），属于桥式起重机，事发前最后一次检验日期为2013年8月28日，检验结论为"合格"。

（2）事故发生经过

2014年1月17日，机械公司车间主任刘某某对天车例行检查时，发现天车运行异常，时走时停。刘某某没有做进一步仔细检查，也没有发现天车电机固定螺栓已经松动，就把天车存在异常的情况报给了当时在安平县分厂的生产部主任高某某，高某某指示暂停使用天车。当天刘某某没有把暂停使用该天车的指令通知给相关人员，且于1月18日出差去了济南，造成工人在不知情的情况下使用了带"病"天车。

1月20日16时40分左右，机械公司装配车间工人李某，在用天车进行食品烤炉的燃烧机装配时，上方天车电机突然坠落，砸中其后脑部，导致李某当场昏迷。事故发生后，装配车间当班人员立即组织救援，并拨打"120"急救电话。"120"急救车赶到后立即对李某现场抢救，17时许李某经抢救无效死亡。

（3）事故原因分析

1）直接原因。天车电机固定螺栓松动，是天车电机坠落造成物体打击的直接原因。

2）间接原因。

①李某未取得特种作业操作资格证，擅自进行吊装作业，违反操作规程，作业过程中未佩戴安全帽，电机坠落后砸中其头部，导致其死亡。

②机械公司生产现场安全管理不到位，无现场安全管理人员指挥天车吊装作业，车间负责人未阻止不具备特种作业资质的人员在没有佩戴安全帽的情况下擅自进行吊装作业。

③机械公司各项安全管理制度不落实，形同虚设。公司各部门之间管理脱节，存在管理漏洞。设备维护人员没有执行企业有关安全管理制度，对天车设备进行安全检查时粗心大意，没有逐项、逐部位仔细检查；发现设备存在事故隐患，却没立即采取有效措施。

④安全教育培训不到位，导致工人安全意识淡薄，纪律观念不

强，违章操作。

⑤机械公司未严格落实安全大检查方案要求，公司对安全大检查重视程度不够，日常安全监管不到位，事故隐患排查走过场，没有达到全覆盖，隐患排查治理工作存在死角盲区。

⑥机械公司安全投入不到位，没有给员工配备安全帽，以至于工人在吊装作业时没有安全有效的防护用品。

（4）事故教训和相关知识

在这起事故中，天车电机固定螺栓松动，是天车电机坠落并造成物体打击的直接原因。此外，车间主任对天车例行检查后，发现天车运行异常，没有及时停止使用或者安排人员进行检修，也是造成事故的重要原因。

在检查设备及时发现事故隐患方面，可以参考某公司铺架工班的做法。这个班组使用的高铁架桥机，整个机身长 64 m，宽 16.8 m，高 10.6 m，重 510 t，可以起吊架设 900 t 重的 32 m 箱梁。要操纵好"巨龙式"的架桥机，有 36 道工序需要班组成员密切协作，如若某个环节出现疏忽，都可能造成掉梁、机翻、人亡的重大生产安全事故。

铺架工班在作业前始终坚持实行"三查"制度，即查设备、查人员、查环境，以尽可能地消灭事故隐患。在查设备这个环节，该班组制定了严格的设备检查制度，分为日常检查、强制检查、定期检查和不定期检查 4 种，还要求按照日、周、月、季、半年的不同期限，按照检查保养表进行检查。表中详细列出机械安全事故的检查项目及内容，如连接螺栓是否紧固，接触器、继电器触点有无损坏，液压系统是否有滴漏渗油情况等。在设备使用前，由 2 名安全检查人员按照检查记录表逐项核对，发现问题及时报告给班组长，由班组长安排相应维修人员进行维修，所有问题全部解决后方可使用。如果遇到重大问题，还需及时向上级领导报告。所有检查必须如实填写相关记录，责任人和检查人员均要签名确认，承担相应责任，以确保设备始终处于良好的运行状态。

20. 截止阀长期使用磨损严重未能及时更换被雷击着火

2011 年 5 月 29 日，某化工厂一台氮氢气压缩机放空管因遭雷击发生着火事故。事故发生后，现场人员共同努力，及时采取果断措施，扑灭了大火，所幸没有造成严重后果。

（1）事故发生经过

2011 年 5 月 29 日 14 时 10 分左右，某化工厂生产设备正常运行。忽然一声雷鸣过后，该厂压缩工段操作人员巡视检查时，发现 3 号氮氢气压缩机放空管着火，随后立即向车间领导和当班调度报告，同时也向厂消防救援队报警。厂消防救援队在最短的时间内赶到着火现场，消防救援队和闻讯赶来的厂干部及员工共同努力，及时采取果断措施，扑灭了大火，没有酿成重大火灾爆炸事故，避免了更大损失和严重后果。

（2）事故原因分析

1）直接原因。

①3 号氮氢气压缩机各级放空使用的截止阀，在长期使用过程中磨损严重，没能被及时发现并进行维修和更换，造成个别放空管用截止阀内漏严重，使氮气、氢气通过放空管进入大气。雷雨天气打雷时，放空管遭受雷击，引起其周围大量可燃的氢气燃烧。

②氮氢气压缩机各级油水分离器所排出的油水都进入集油器内，而集油器放空管连接到放空总管上。操作人员在排放油水时，没能按照操作规程进行操作，使氮气、氢气进入集油器后随放空管进入大

气，在排放过程中遭遇雷击氢气被引燃。

2）间接原因。

①该厂压缩机厂房的防雷设计不合理，防雷设施不健全、不完善。该厂虽然在压缩机厂房上安装了避雷带，但放空管的高度超过了避雷带，导致避雷带根本不能保护放空管，而其他避雷针的保护范围无法覆盖放空管。这样就使放空管得不到有效的防雷保护，存在极大的事故隐患。打雷时，如果雷击火花遇到泄漏的氢气，很容易引发着火事故。

②压缩车间的设备管理不严不细，对设备的检查、维护保养和检修工作不全面、不到位，没有按照设备的维护保养、检修等有关要求，及时检查并发现放空管用截止阀内漏问题，未及时消除这一事故隐患。

（3）事故教训和相关知识

事故之后，针对事故暴露出来的问题，化工厂对本次着火事故的原因进行详细分析，并采取以下整改措施：

1）加强设备管理，按照设备检修规程、规范对氮氢气压缩机各级放空管用截止阀进行定期检查检验和维护保养，对磨损严重的应及时进行维修或者更换，从而避免因阀门内漏使氮气、氢气进入大气造成事故。

2）加强巡回检查，确保油水分离器的排放按相关操作规程规定进行，严格执行其排放操作程序和时间。

3）按照化工装置防雷设计规范有关要求，正确设置避雷装置。事故发生后，厂内技术人员对化工装置防雷的基本措施和全厂的避雷装置进行了全面细致的检查，对防雷的薄弱环节进行了改造和整改。合理布置，在压缩机厂房及其周边增设了独立的避雷针，使放空管得到有效的防雷保护，并与放空管等相关设备和装置保持足够的安全距离，确保设备和装置的防雷安全。

4）强化对员工的日常安全教育和培训，进一步提高员工安全素质和安全意识，提高发现问题、处理紧急情况和一般事故的能力，有效地预防事故发生。

21. 阀门存在故障煤气炉鼓风机防爆膜爆炸

2010年2月11日，辽宁省某县化肥厂发生一起鼓风机防爆膜爆炸事故，正在鼓风机房检查的当班维修工被炸伤致残。

（1）事故发生经过

2010年2月11日，某县化肥厂煤气车间前夜班接班后，各机器、设备运转正常。20时46分，煤气车间岗位操作工发现1号煤气炉吹风阀不落，即与仪表工联系修理，经判断是仪表控制阀损坏，于是停炉维修。但停炉后，该吹风阀仍然不落，且放空烟囱阀不起。2 min后，空气管道室外东头的防爆膜（0.3 mm厚的双层铝板）爆破，之后，鼓风机跳闸断电。当班的1名维修工急于检查爆炸情况，未与操作人员及时联系，独自进入鼓风机房检查。此时，煤气岗位停车处理程序尚未完全结束，鼓风机房内防爆膜爆破，气浪将该维修工冲出几米，维修工被炸伤致残。

（2）事故原因分析

1）直接原因。1号煤气炉吹风阀不落，放空烟囱阀不起，造成1号煤气炉内煤气压力增高。待2号煤气炉送风时，1号、2号煤气炉形成重风，空气管道内压力下降，使炉内煤气从1号吹风阀倒入空气系统，首先引起室外防爆膜爆破。

2）间接原因。

①因室外防爆膜爆破，加之有其他煤气炉处于送风阶段，鼓风机

电流突然升高，致使鼓风机跳闸断电，空气管道内空气压力突然下降，因未及时做停车处理，且有运行中的煤气炉处于下吹阶段，使得煤气倒入空气管道，继而倒入鼓风机房，造成鼓风机房内防爆膜爆破。

②维修工在防爆膜爆破后，未与操作人员联系，独自一人进入鼓风机房检查防爆膜情况，因操作人员的停车处理程序还未结束，煤气倒回，而发生人员受伤事故。

（3）事故教训和相关知识

煤气鼓风机跳闸断电，引起煤气倒回，造成鼓风机爆炸的事故是氮肥企业的常见多发事故。造成此类事故的原因及条件：一是控制阀门动作失灵，吹风阀不落或闭落不彻底；二是有2台以上的煤气炉同时吹风，使得空气管道内压力下降；三是煤气炉后续设备故障，造成炉内煤气压力升高，且煤气炉处于下吹阶段；四是突然断电后未及时正确处理，使得煤气倒回而引起爆炸。该厂鼓风机房防爆膜爆炸伤人事故，正是满足了上述条件而发生的。

这起事故源于控制阀门动作失灵，即阀门故障。对阀门的通用技术要求：一是阀门规格及类别应符合管道设计文件的要求。二是阀门型号应注明依据的国家标准编号。若是企业标准，应注明型号的相关说明。三是阀门工作压力应大于等于管道的工作压力，阀门可承受的工作压力应大于管道实际的工作压力；阀门关闭状况下，任何一侧应能承受1.1倍的阀门工作压力值，而不渗漏；阀门开启状况下，阀体应能承受2倍的阀门工作压力值。四是阀门制造标准，应说明依据的国家标准编号，若是企业标准，购置时应附企业文件。除此之外，对阀门材质、密封面的材质、阀轴填料、阀门的操作机构等也有相应的不同要求。

事故之后，化肥厂采取了以下整改措施：一是对煤气系统所有控制阀及自动机各阶段的运行情况进行认真的检查，增设联锁安全装置，落实设备包机人员的包机责任制。二是提高操作人员的安全意识和正确、果断处理紧急事故的应变能力，制定紧急断电的停车处理方案并落实到人，经常进行演练，一旦发生事故，能够有条不紊、迅速正确地处理。三是遇到空气防爆膜爆破，首先将运行中处于下吹阶段的煤气炉立刻转入上吹或其他阶段，并停车处理。停炉后，要打开各炉的炉盖，以防煤气集聚。四是将高压蒸汽接入空气系统，一旦发生突然断电，煤气倒回，立即用蒸汽进行彻底的吹扫和置换。五是吸取事故教训，加强各操作工和维修工、仪表工、电工等工种在维修和处理故障过程中的相互配合和联系。

22. 气柜运行中密封油黏度降低活塞失效引发爆炸

从 2013 年 10 月 8 日凌晨开始，山东省博兴县某供气有限公司（本案例中简称供气公司）气柜低柜位运行。17 时 56 分 34 秒，气柜突然发生爆炸，引燃气柜北侧粗苯工段的洗苯塔、脱苯塔以及回流槽泄漏的粗苯和电厂北侧地沟内的废润滑油，形成大火。当晚 21 时左右，爆炸引发的 5 处着火点被成功扑灭。事故共造成 10 人死亡、33 人受伤。

（1）事故相关情况

供气公司成立于 2006 年 4 月，经营范围：煤炭批发经营，煤焦生产、煤焦及副产品销售，焦炉煤气、煤焦油、硫黄、硫酸铵、粗苯、焦炭生产和销售。供气公司内部设置一分厂、二分厂、安监部、生产技术部等 20 个部门。

公司 3 号、4 号焦炉工程为二期工程，主要装置包括 2 座 60 万 t/a 焦炉、备煤装置、煤气净化装置、化产回收装置和 5 万 m^3 稀油密封干式煤气柜（本案例中简称气柜）等。该工程（不包含气柜）于2010年9月开工建设，2011年11月施工完成，2012年3月开始试运行。

发生事故的气柜于2011年10月开工建设，2012年7月完工，2012年9月投入试运行，归供气公司二分厂（负责3号、4号焦炉系统生产运行）的化产车间管理。二分厂共有员工331名，实行"三班倒"工作制，事故发生前有81名员工在岗生产。某施工队在厂区施工人员有22人，除5~6人在化产车间办公室北侧100 m左右的临时板房内休息外，其余人员均在距离爆炸点300 m左右的工地施工。某设备安装有限公司（本案例中简称安装公司）施工人员有13人，多为企业周边村庄民工，当时正值下班期间，民工正从厂区陆续回家。

（2）事故发生经过

气柜自2012年9月28日投入使用后，运行基本正常。2013年9月25日后，气柜内活塞密封油液位呈下降趋势；9月30日后，气柜内10台一氧化碳检测报警仪频繁报警；10月1日后，密封油液位普遍降至200 mm以下（正常控制标准为280 mm±40 mm）。对以上异常，供气公司二分厂化产车间操作人员多次报告，二分厂负责人一直没有采取相应措施。10月2日，供气公司安全部下达隐患整改通知书，要求检查气柜可燃气体报警仪报警原因等。

10月5日11时，化产车间检查发现气柜内东南侧6~7个柱角处有漏点，还有1处滑板存在漏点。二分厂负责人对此未采取相应的安全措施，而是安排于当日16时恢复气柜运行，17时左右气柜内2~3个监控点超量程报警。10月6日后，气柜内一氧化碳气体检测报警仪继续报警，企业仍未采取有效措施。在此期间，二分厂负责人联系了设备制造厂准备对气柜进行检修。

10月8日凌晨开始，气柜低柜位运行。8时至事故发生前，气柜内10台一氧化碳检测报警仪全部超量程报警，10时54分至13时密封油液位2个监控点出现零液位，13时至15时液位略有回升，15时至17时再次降至零液位。17时45分气柜当班操作人员开始对气柜周围及密封油泵房等区域进行巡检。

17时56分左右，气柜突然发生爆炸，爆炸造成气柜本体彻底被损毁，周边约300 m范围内部分建（构）筑物和装置坍塌或受损，约2 000 m范围内建筑物门窗玻璃不同程度受损，同时引燃了气柜北侧粗苯工段的洗苯塔、脱苯塔以及回流槽泄漏的粗苯和电厂北侧地沟内的废润滑油，形成大火。

气柜爆炸后，供气公司及其周边大面积停电，厂区部分区域燃起大火，现场一片混乱。企业员工立即拨打"120""119"，迅速开展自救，搜寻并撤离伤亡人员，关闭煤气管道和化产系统各单元进、出口等。博兴县委、县政府及其各部门单位于18时45分左右陆续赶到事故现场，启动应急预案，组建应急处置领导小组，开展事故救援工作。当晚21时左右，爆炸引发的5处着火点被成功扑灭，焦化装置全线停车，煤气放散阀开启并点燃放散煤气，事故现场部分装置继续采取冷却喷淋等措施，避免了二次事故和次生灾害的发生。

该起事故共造成10人死亡、33人受伤，其中，4人重伤，29人轻伤。在10名死亡人员中，4人为供气公司员工，4人为某施工队人员，2人为安装公司施工队人员。事故造成的直接经济损失约3 200万元。

（3）事故原因分析

1）直接原因。气柜运行过程中，密封油黏度降低，活塞倾斜度超出工艺要求，致使密封油大量泄漏、油位下降，密封油的静压小于气柜内煤气压力，活塞密封系统失效，造成煤气由活塞下部空间泄漏到活塞上部相对密闭空间。煤气持续大量泄漏后，与空气混合形成爆炸性混合气体并达到爆炸极限，遇气柜顶部 4 套非防爆型航空障碍灯开启，或因气柜内部视频摄像装置和射灯线路带电，或因活塞倾斜致使气柜导轮运行中可能卡涩或与导轨摩擦产生点火源（能），发生化学爆炸。

2）间接原因。

①供气公司安全生产法治观念和安全意识淡薄，安全生产主体责任不落实，安全管理混乱，项目建设和生产经营中存在严重的违法违规行为。在发现气柜密封油质量下降、油位下降、一氧化碳检测报警仪频繁报警等重大隐患以及接到员工多次报告后，企业负责人不重视，没有采取有效的安全措施。特别是事发当天，在气柜密封油出现零液位、一氧化碳检测报警仪超量程报警、煤气大量泄漏的情况下，企业负责人仍未采取果断措施、紧急停车、排除隐患，而是违章指挥，情节恶劣，使气柜低柜位运行、带"病"运转，直至事故发生。

②供气公司设备日常维护管理问题严重。气柜建成投入运行后，企业没有按照《工业企业煤气安全规程》（GB 6222—2005）的规定，对气柜内活塞、密封设施定期进行检查、维护和保养，未对导轮轮轴定期加注润滑脂等。在接到密封油改质实验报告并得知密封油质量下降后，企业也没有采取更换密封油或加注改质剂等措施改善密封油质量，致使密封油质量进一步恶化，直至煤气泄漏。

③气柜在设计、采购、施工、验收、试生产等环节都存在违反国家法律、法规和标准规定的问题，主要如下：爆炸危险区域内的电气设备未按设计文件规定选型，采用了非防爆电气设备；施工前未请设计单位进行工程技术交底；施工过程中没有实施工程监理；施工完成后没有依据相关标准和规范进行验收，甚至未经专业设计就在气柜内部及顶部安装了部分电气仪表；试生产阶段供电电源不能满足《安

全设施设计专篇》要求的双电源供电保障，试生产过程未严格执行《山东省化工装置安全试车工作规范（试行)》；气柜施工的相关档案资料欠缺等。

④对外来施工队伍管理混乱。事故发生前，企业厂区内先后有5个外来施工队伍进行施工，边生产、边施工，对施工队伍的安全管理制度不健全，对施工作业安全控制措施缺失，甚至在化产车间办公室北侧100 m左右搭建临时板房，违规让施工人员生活和住宿在生产区域内，导致事故伤亡扩大。

⑤安全管理制度不完善、不落实。企业没有按照相关规定，建立、健全煤气柜检查、维护和保养等安全管理制度和操作规程，也没有制定密封油质量指标分析控制制度，安全生产责任制和安全规章制度不落实，企业主要负责人未取得安全资格证书。

⑥安全教育培训流于形式。企业的管理人员、操作人员对气柜出现异常情况的危害后果不了解，对紧急情况不处置或者未正确处置。许多操作人员对操作规程、工艺指标不熟悉，对工艺指标的含义不理解，对本岗位存在的危险、有害因素认识不足，以致操作过程不规范、操作记录不完整。员工的安全素质和安全操作技能不高，安全培训效果较差。

（4）事故教训和相关知识

供气公司的煤气主要供给本企业热电厂的燃气轮机作为动力燃料气使用，其余通过管线输送给周边企业作为燃料使用。3号、4号焦炉的煤气主管线与1号、2号焦炉系统洗苯塔后的煤气主管线连通，焦炉煤气通过净化处理后经管线送至气柜。气柜内部设置可上、下浮动的活塞，活塞下部空间储存煤气，上部空间与大气相通。当煤气进入气柜活塞下部，且达到一定压力时，活塞上升；当活塞下部空间煤气储量减少时，活塞下降。正常生产情况下，活塞在气柜内做上升、下降往复运动，实现储存和供应焦炉煤气、稳定煤气管网压力的目的。

气柜为稀油密封干式煤气柜，正边形钢结构，主要由侧板、底板、顶板、活塞、密封装置、立柱、通气楼、外部电梯、内部吊笼等部分组成，气柜底部外侧设有电梯机房、油泵房、闸门间。安全装置有稀油密封机构、活塞导轮及防回转装置、油泵站、机械式柜容指示器、活塞倾斜度测量装置、自控及监测报警设施、放散排空装置等。

气柜自投入使用以来，密封油一直没有更换。9月25日后，密封油位呈下降趋势，事故发生前2个多小时，2个监控点油位为零，对角油位差超出允许范围，活塞倾斜度超出工艺要求，致使密封油大量泄漏，密封油静压小于气柜内煤气的压力，活塞密封系统失效。9月30日后，活塞上方安装的10台一氧化碳检测报警仪频繁报警，10月8日8时后全部超量程报警。证明事故发生前，气柜活塞下部煤气已冲破、击穿密封油或短路而泄漏到活塞上部相对密闭空间，经过长时间持续泄漏和事发当天大量泄漏，煤气与空气混合形成了爆炸性混合气体。

这起爆炸事故经调查认定是一起重大生产安全责任事故。针对这起事故暴露出的突出问题，为深刻吸取事故教训，进一步加强化工行业安全生产工作，有效防范类似事故重复发生，提出如下措施建议：

1）进一步强化企业安全生产基础工作，要按照有关法规、标准的规定，装备自动化控制系统，对重要工艺参数进行实时监控预警，采用在线安全监控、自动检测或人工分析数据等手段，及时判断导致异常工况的根源，评估可能产生的后果，制定安全处置方案，避免因处理不当造成事故。

2）要加强对重大危险源运行情况的监测监控，完善报警联锁和控制设施，按规定对安全设施进行检测检验、维护保养。

3）要建立、健全对外来施工队伍的安全管理制度，将外来施工队伍纳入本单位安全管理体系，统一标准，统一要求，统一管理，严格考核。要加强对施工现场，特别是高危作业现场（边生产边施工、局部停工处理或特殊带压作业等）的安全控制，严格控制施工现场的人员数量，禁止无关人员进入施工区域，杜绝在同一时间、同一地点进行相互禁忌作业，减少立体交叉作业，控制节假日、夜间作业，严禁施工人员住宿在生产厂区。

4）加快提高应急救援管理水平，要依据国家相关法律、法规和标准要求，进一步完善本企业的应急救援预案，配备应急救援人员和必要的应急救援器材、设备，定期组织应急救援演练。要始终把人身安全作为事故应急响应的首要任务，赋予生产现场带班人员、班组长、生产调度人员在遇到险情时第一时间下达停产撤人命令的直接决策权和指挥权，提高突发事件初期处置能力，最大限度地减少和避免人员伤亡。

5）要组织开展煤气生产、使用企业的安全大检查，深入排查治理煤气生产装置、煤气柜和输送管道存在的事故隐患，督促企业建立、健全安全管理制度，落实国家有关标准的规定，加强设备日常维护保养，确保安全设施完好有效，安全管理制度、安全操作规范得到认真执行。

23. 人员作业时电动葫芦机械传动部件导绳器突然掉落

2006 年 11 月 8 日，广西某化工股份有限公司（本案例中简称化工公司）高浓度复合肥厂 2 名临时工作业时，电动葫芦机械传动部件导绳器突然掉落，所幸没有造成人员伤亡。

（1）事故相关情况

化工公司成立于 1969 年，于 1976 年建成投产，是广西重点化肥骨干企业，有员工 1 800 多人。

（2）事故发生经过

2006 年 11 月 8 日，化工公司高浓度复合肥厂 2 名临时工王某、莫某，共同负责将生产装置废料从一楼吊到五楼存放，以便下一次开机时将该废料返回到生产系统以达到回收利用。负责 2 名临时工现场安全操作指导及管理的是化工工段长韦某，当时韦某按时到场进行现场指导，还有 1 名临时工林某负责在三楼操作电动葫芦。

16 时 30 分左右，2 名临时工将装好的废料包装袋装进吊篮，这也是他们当天所要吊的最后一批料。2 人正准备联系电动葫芦操作工林某时，电动葫芦上的机械传动部件——导绳器从装置五楼电动葫芦安装架掉落，掉到地板后反弹，从工段长韦某后背擦身而过，最后停落在离一楼吊装孔 3 m 远处。所幸的是导绳器掉落和掉落后与地板碰撞反弹都未打到旁边操作人员，才免于发生人身伤亡事故，否则后果不堪设想。

（3）事故原因分析

1）直接原因。在吊料作业时电动葫芦操作不到位，不能垂直吊料作业，经常斜拉及斜吊，引起导绳器变形及磨损，从而在吊料作业时因受外力及自身支撑力不够而发生导绳器脱落。按公司操作规程规定，超载或物体质量不清、吊拔埋置物及斜拉、斜吊等属于禁止操作。很显然，操作人员经常进行斜拉、斜吊操作，违反了公司规定。违章操作是事故发生的直接原因。

2）间接原因。

①现场调查证实，电动葫芦固定安装于五楼，由于楼层相对较高（6 m），没有固定楼梯及加油平台，作业人员在起吊作业前，没有进行安全检查和定期加油，故未及时发现导绳器脱落这一重大事故隐患。作业人员违反了该公司电动葫芦使用操作守则中的"每班作业

前要进行设备日常检查"和"为确保电动葫芦的可靠性与寿命，必须对电动葫芦进行定期润滑和维护保养"的规定，是事故发生的主要间接原因。

②经查验，电动葫芦操作人员原来为各岗位指定的 2 名正式工，后因操作人员不足，由临时工代替操作，但临时工没有经过专门培训并获得上岗证。

③作业环境复合肥粉尘相对较多，且该粉尘具有一定的腐蚀性，对机械设备造成了一定程度的锈蚀、磨损和变形。

④企业管理松懈，劳动纪律松散。虽然有较完善的管理制度和各种操作规程，但没有真正落实到位，没有做到按章程办事。

（4）事故教训和相关知识

通过查阅相关资料得知，化工公司的电动葫芦是 2003 年 10 月安装，2004 年 1 月开始投入使用的，使用过程无异常情况发生。电动葫芦设备本身技术档案齐全，设备定期检验制度完善，最后安全检验合格证验收检验日期是 2006 年 8 月 15 日，有效期到 2008 年 7 月 30 日，由具有资质的相关机构检测发证，即设备各种证件齐全，质量无问题，排除了设备质量问题引发该事故的原因。

在电动葫芦起重、吊运作业时，主要易受损件有导绳器、密封圈、制动环、运行电机轴端高速小齿轮等，这些易受损件在使用一段时间后会有磨损和变形，使强度变低，发展到一定程度，将导致脱落、断裂，进而发生起重事故。

类似事故也曾经发生过。例如，2001 年 2 月 12 日 10 时左右，某石油管理局一台起升高度为 24 m 的 5 t 单梁桥式起重机，在正常的起重作业过程中，起重机上的减速器发生故障，突然坠落至地面，值得庆幸的是，由于作业现场周围无人，没有造成人员伤亡。减速器坠落事故发生之前，这台起重机曾经发生过冲顶、乱绳等故障，损坏了上升限位器及导绳器，但未得到修理仍然继续使用，使用中还出现过斜吊或重物摆动等违规操作，致使导绳器被损坏而出现乱绳。乱绳被卷入减速器与卷筒连接处的凹槽内，随着吊钩的上升，乱绳无规律地在卷筒上缠绕，凹槽内钢丝绳越缠越多，越多越乱，相互挤压。由于减速器与卷筒连接处凹槽的空间十分有限，钢丝绳即对减速器产生了一个极大的侧压力，随着外侧压力不断增大，减速器与卷筒的连接螺栓断裂或滑丝，最终导致减速器坠落。

为了预防此类事故再次发生，企业应采取以下预防措施：

1）生产装置加设加油平台，负责设备加油的员工要按规定进行加油并做好记录。一楼对应吊装孔的地板上应加装一个固定围栏，禁止人员横穿吊装孔（不管吊料与否）。

2）参加起重作业的员工必须经过安全培训，考核合格，取得上岗证后方可上岗操作。重新制定电动葫芦吊废料操作规程，在原来的基础上增加"参加吊料作业的员工（包括临时工）全部戴好安全帽"的规定。

3）加强安全管理，各项制度要落到实处，要真正抓好制度执行这一关，使制度环环相扣并相互监督和督促，哪一环节脱钩就追究哪一环节的责任。

4）加强劳动纪律，杜绝违章作业现象发生。管理人员要定期到现场检查安全情况，特别是在吊料作业时，班组副工长要专职进行现场指挥操作并对安全负责。

24. 断电引起尿素装置停车蒸汽管道爆炸泄漏

2007 年 4 月 17 日凌晨，某化肥厂在生产过程中，110 kV 变电站主变压器发生误动作，造成全厂断电，尿素装置紧急停车，发生氨预热器高压管爆裂事故，所幸未造成人员伤亡。

（1）事故发生经过

2007 年 4 月 17 日 0 时 50 分，某化肥厂在生产过程中，110 kV 变电站主变压器发生误动作，造成全厂断电，尿素装置紧急停车。当操作人员将入合成塔液氨管线的两道截止阀关闭，并准备离开时，只听一声闷响，氨预热器进口蒸汽法兰垫喷出大量蒸汽，有明显刺鼻的氨味。当班班长迅速将相关岗位人员疏散，并及时关闭了高压氨泵进口阀，当车间领导到场时，事故现场已得到了控制。

（2）事故原因分析

1）直接原因。当全厂断电，尿素装置紧急停车时，操作人员将高压氨泵出口阀关闭，又将入塔氨阀关闭，但此时由于蒸汽管道有余压，蒸汽继续进入夹套对液氨进行加热。随着温度的升高，液氨相应的饱和蒸气压剧烈上升，蒸汽管道在腐蚀最薄弱的地方产生物理性爆炸，释放出的能量将蒸汽入口处的法兰垫片毁坏，液氨泄漏。

2）间接原因。

①该设备从 1999 年投入运行以来，由于高压氨管在蒸汽夹套内，存在检测不方便等因素，至事发时未对该设备进行过测厚。在蒸汽和高压液氨长期的冲刷作用下，管道腐蚀严重，原壁厚为 10 mm 的高压管被均匀腐蚀至 5 mm，最薄处只有 2.5 mm，留下了事故隐患。

②企业设备管理不深入、不细致，在日常检查和定期设备检查中，未能发现管道腐蚀问题，致使存在事故隐患。

（3）事故教训和相关知识

在化工企业，由于受各种因素的影响，管道经常会发生腐蚀减薄情况，这种情况如果不能被及时发现、及时整改，那么就容易发生事故。

类似事故很多，具体事故案例如下。

事故案例之一：半水煤气管线腐蚀泄漏爆炸事故

1994年5月20日，河北省宣化某化肥厂净化车间半水煤气入口三通管因腐蚀泄漏发生爆炸事故，造成8人死亡、2人重伤、1人轻伤。造成事故的主要原因，是在系统腐蚀严重的情况下，企业对管线严重腐蚀的后果认识不足，未能及时更换管线。

事故案例之二：蒸汽管线管壁减薄导致的爆裂事故

1997年4月2日，吉林省某有机合成厂动力车间发现管道泄漏，在准备进行维修过程中，管线突然发生爆裂，大量蒸汽喷出，造成1人重度颅脑损伤死亡，1人被蒸汽烫伤。造成事故的主要原因，是管线结构不妥，导致管线内表面受蒸汽冲刷严重，造成管壁减薄，强度失效，引发管线泄漏直至爆破。

事故案例之三：埋地输气管道腐蚀造成的泄漏事故

2004年7月15日中午，某化肥厂一条埋地输气管道出现漏气，由于采取了得当的抢修措施，才未造成更大的财产损失及人员伤亡。造成事故的主要原因，是管道安装质量低劣和管道在使用过程中防腐层破损、阴极保护失效，造成腐蚀穿孔。

企业的生产离不开水、电、汽，相应的就有上水管与下水管、电缆沟、供汽管道等，尤其是化工生产企业，各种管道纵横交错，成为化工企业的标志。一般来讲，对各种管道的管理属于设备管理部门的职能，但是有些班组在生产作业中会与管道发生关系，如打扫卫生时对管线的踩踏，休息时坐在或者靠在管线上等。所以，对各种管道的管理虽然是企业设备管理部门的事情，但是对管道的爱护却是所有企业员工的事情。

25. 更换真空断路器未将合闸闭锁装置恢复导致短路

2008年5月10—17日，某化工公司开始进行一年一度的中修。

当中修即将结束，该公司 35 kV 变电站送电开车时，发生了误操作事故，所幸该事故未造成人员伤亡。

（1）事故发生经过

某化工公司由于受连续生产情况的限制，只有在一年一度的中修期间，机械设备、电气设备才能停下来进行定期的检查、维护、维修和校验工作。

2008 年 5 月 10 日，公司生产系统停止生产，进行为期 1 周的检修。就在这次中修即将结束，部分生产岗位已经开车，该公司 35 kV 变电站操作人员恢复送电，对某岗位一台 6 kV 高压电动机送电时，由于操作人员送电前没有认真检查该高压柜真空开关的实际位置，在真空开关合闸情况下，合上该柜的隔离开关，造成带负荷拉合刀闸。在合闸的瞬间，隔离开关的触头间形成了弧光放电，相间形成弧光短路，部分高压电气设备因弧光短路造成低电压保护动作跳闸，生产系统停车。同时弧光短路造成该高压柜上的 630 A 隔离开关的触头被烧坏，强大的电弧燃烧还将相邻的高压柜上 2 500 A 的隔离开关触头烧坏。第二天停车停电，将上述隔离开关全部更换后，生产系统才正式开车。

（2）事故原因分析

1）直接原因。该公司 35 kV 变电站建于 1995 年，当时安装的 6 kV 高压柜都是 GG-lA 型号的高压柜，柜内所配置的断路器都是贫油断路器，由于该断路器的油质容易变坏，设备的维护量比较大，所以之后将部分贫油断路器更换成了真空断路器。在更换真空断路器时，维修人员缺乏安全意识，没有将断路器和隔离开关的合闸机械闭锁装置恢复，造成断路器与刀闸失去了机械闭锁的作用，是造成这次事故的直接原因。

2）间接原因。

①在中修作业中，针对同一台设备，有做保护校验的，有做开关

特性测试的，有做开关机构检查维护的，有做传动联锁试验检查的，检修班组较多，工作场面较乱，检修人员检修完毕没有将设备恢复到原始位置，即检修结束后没有将断路器恢复到分闸位置。

②在倒闸操作时，控制回路没有送电，操作前不能通过指示灯来判断断路器的实际位置。若控制回路送电，由于断路器的位置和送电控制开关的位置不对应，在送电的同时断路器会跳闸，即可避免带负荷合刀闸。

③送电操作人员操作时不精心，思想麻痹，没有按照规定要求进行倒闸操作。操作人员在操作前必须检查断路器合闸机构上的机械位置指示，并且在送电前应用手分一下分闸机构，确保操作时断路器在分闸位置。

④操作人员违反电气安全工作规程，没有严格执行操作监护制度。应一人操作，一人监护，监护人员必须严格监护好操作人员的行为，发现操作人员操作违规，应及时制止并纠正。

（3）事故教训和相关知识

这起事故的发生，有几个间接原因，其中包括操作人员违反电气安全工作规程，没有严格执行操作监护制度。

按照操作监护制度的规定，工作负责人应向全体操作人员清楚交代任务、工作范围、应注意事项和带电的部位，工作负责人（监护人）必须始终在现场工作，对操作人员的工作认真监护，并及时纠正违反规定的行为。当工作负责人需要暂时离开现场时，应指定监护人员代替，并向代替人交代清楚有关事宜，同时通知全体操作人员。若工作在两地，工作负责人可指派有实际经验的人员到另一地，但应把任务、注意事项交代清楚。现在，重要作业中一人操作、一人监护已经成为"铁律"。在这起事故中，进行真空开关合闸操作，不设置监护人是不对的，也是未能及时发现操作错误的原因之一。

事故之后，针对事故暴露出来的问题，公司进行深入分析，并组织技术措施讨论，制定了以下预防措施：一是根据本质安全化原则，从本质上实现安全化，从根本上消除事故发生的可能性。恢复高压柜断路器与隔离开关的机械联锁装置。在防止电气设备误操作的措施中，设备的机械联锁是最可靠的。二是修改安全检修规定和制度，强调在检修或调试设备结束后，必须将设备恢复到原始状态，所有开关均在断开位置。三是修改岗位上的电气安全工作规程，编制操作作业指导书，使操作步骤标准化。在送电操作时，必须先到现场检查设备的状态，条件符合后接通控制电源，合隔离开关前必须手动分一下分闸机构，确保断路器在断开位置。

◤ 26. 空压机检修不及时润滑油产生积炭引发爆炸

2006年5月，某化工厂空分装置发生一起严重的空压机爆炸事故，导致厂房墙体部分受损塌落，该压缩机二级缸等报废，一名巡检工重伤。

（1）事故发生经过

2006年5月20日，某化工厂操作工王某像往常一样上早班，在参加了班组的交接会后，8时30分，王某拿起记录本去现场巡检空压机。当见到空压机二级排气温度为160 ℃时，王某感到温度偏高（正常值140 ℃±5 ℃）。王某刚记录完毕，只听见一声巨响，就被巨大的冲击波击倒。

（2）事故原因分析

1）直接原因。设备维护不到位，检修作业不及时。在高温高压状态下，润滑油容易发生积炭发热反应，中间冷却器、后冷器及管道是不易清炭的部位，一般此处生成积炭、油泥的量较大。润滑油产生的积炭没有被及时彻底清除，是此次爆炸事故的直接原因。

2）间接原因。

①调查发现，在事故发生前一个班（夜班），该空压机的二级排气压力及温度均超过了规定要求的最大值，尤其是排气温度达到155 ℃，但是夜班巡检工李某只是做了记录，却没有把此事告诉班长。后来李某说，以前装置也出现过超温超压的情况，但是都没有出事，也就忽视了。由此可见违章操作的习惯性。

②润滑油质量存在问题。该空压机汽缸所用润滑油经化验，其机械杂质及灰分均超标，热氧化安定性也不好。企业对润滑油的管理较混乱，润滑油使用时间较长，且存在密封不严等问题。

③操作不规范，注油量较大。调查发现，从油污、中间冷却器结焦物、排气阀室、局部油泥厚度等来看，该空压机注油器注油量较大，超过规定的注油量。

④空压机进风口空气粉尘量较大。该空压机厂房临近热电车间，空压机进风口处空气粉尘量时常较大，易堵塞空气滤清器，造成进气量减小，排气温度升高。灰尘与润滑油结合生成油泥和结焦等，不利于压缩空气冷却，结焦物和积炭使排气阀不严，产生漏气造成排气升温超标。

（3）事故教训和相关知识

在高温高压状态下，润滑油发生积炭发热反应，在中间冷却器、后冷器及管道等部位生成积炭，由于设备维护和检修作业不及时，积炭没有被及时清除，引发此次爆炸事故。因此，这起事故被认定是一起较典型的生产安全责任事故，充分暴露出该公司在生产及安全管理中的薄弱环节。

设备由于长期使用，必然造成各种零部件松动和磨损，从而使设备技术状况变坏，动力性能下降，经济性能恶化，安全可靠性降低，甚至发生事故。因此，根据设备磨损规律制订出切实可行的计划，对设备进行维护保养，是设备正常运行和安全运行的重要保障。

事故之后，企业采取了积极的管理措施和技术措施，对于预防此类事故的重复发生起到了重要的作用。所采取的措施主要如下：

1）加强生产管理，严格执行有关管理制度。把空压机作为危险源来对待，操作人员要经过培训后持证上岗。要求操作人员在严格按操作规程操作的同时，要有对空压机故障进行基本判断和处理的能力，要对空压机工作原理、基本故障、合理注油、严格执行开停车制度等有明确的认识。

2）加强润滑油的管理。为了控制积炭的生成速度，应选用基础油好、残炭值小、黏度适宜、抗热氧化安定性良好、燃点高的润滑油。严禁采用开口储油方式，防止润滑油及机械杂质超标。另外，润滑油要有产品合格证和油品化验单。

3）加强设备检修维护管理。空压机和部件的状况，要定期验证，要制订完整的检修计划，项目要具体，有验收标准。尤其是定期清灰，要由专人负责验收，保证吸气口的吸气量，防止空气滤清器堵塞而减少进气量，造成排气温度升高；加强冷却水管理，保证冷却水进出口温差不高于 10 ℃；定期清除内部积炭，一般每 600 h 检查清扫一次排气阀，每 4 000 h 更换一次新排气阀。

4）提高对空压机运行状态的监控能力。在保证空压机空气冷却器、温度及压力显示、安全阀等基本安全设施的基础上，还应在排气阀出口管线处安装温度自动报警器，严格控制不超过规定温度。

27. 未认真执行保养维护计划干燥箱积油部位起火

2008 年 1 月 2 日，湖北省武汉市某换热器配件制造厂在生产中，干燥炉传输链突然发生起火事故，经及时扑救，未造成人员伤亡及严重损失。

（1）事故发生经过

2008年1月2日，湖北省武汉市某换热器配件制造厂在生产中，设备操作工张某发现干燥炉传输链下部冒出大量烟雾，便跑到干燥炉上部进行观察，发现设备传输链干燥箱内有明火产生，于是立即按下紧停开关和工作按钮，并通知操作辅助工王某关闭燃气阀门，切断设备总电源。接着，张某和王某使用现场灭火器对箱体进行了灭火处理，并立即上报厂安监部门。接到报警后，厂安监人员立即到达现场，发现设备内仍有烟雾产生，便立即疏散周围人员，组织员工对整个管道的天然气进行排空处理，避免引起二次事故，并接入氮气进行吹扫，以起到降温及灭火的作用。由于扑救及时，事故未造成严重损失。

（2）事故原因分析

1）直接原因。经过事故调查及对设备现场的勘查分析，确认此次干燥箱燃烧事故的直接原因如下：金属屑被吸入抽风管道内部，并与风管内壁摩擦发热，进而引燃壁内沉积的油垢，油垢燃烧后滴落在设备传输线上，引燃传输线周围的油垢。同时，在设备管理、原辅材料管理等方面也存在缺陷。

2）间接原因。

①设备保养、点检不到位。一是未认真执行一、二级保养维护计划，检修时仅对干燥炉内易积油的部位进行了清理，未达到设备说明书上所要求的每3个月对设备容易积油部位进行一次清理的周期要求。二是日常点检指导书对操作人员的具体点检内容描述不明确。三是设备操作人员对设备日常点检的执行力度不够，设备维修人员对设备点检情况的监督不够。

②辅料挥发性较差。生产中使用的国产挥发油，挥发效果较差、黏性大，造成挥发油挥发后易与杂质混合，进而黏附于设备内部。针对这种情况，设备管理部门未就设备管理和保养方面制定相应的措施，最终造成设备内部积油严重。

③原材料易沉积杂质。一是部分换热器存放时间较长，且表面含有油脂，易吸附灰尘，进入干燥炉内烘干后，灰尘与积油混合形成油垢，附着于设备和管道内壁。二是换热器铜管组件系统内含有金属屑及其他杂质，在干燥炉经过吹扫后沉积在设备内部及传输线下方。

（3）事故教训和相关知识

在这起事故中，导致事故的3个间接原因值得重视。企业在设备管理中，要建立安全检查检验制度和维修保养制度。设备运行安全检查是设备安全管理的重要措施，是预防设备故障和事故的有效方法。通过检查可全面掌握设备的技术状况和安全状况的变化及磨损情况，及时查明和消除设备隐患，根据检查发现的问题开展整改，以确保设备的安全运行。安全检验是按一定的方法与检测技术对设备的安全性能进行预防性试验，以确定设备维修计划或安全运行年限。而设备的维修保养，则是以设备的长期使用作为着眼点。设备长期使用必然会造成各种零部件的松动、磨损，从而使设备状况变差，因此，建立并不断完善维修保养制度，根据零部件磨损规律制订出切实可行的计划，定期对设备进行清洁、润滑、检查、调整等作业，是延长各零部件使用寿命及避免运行中发生故障和事故的有效方法。

事故之后，为防止此类事故再次发生，该厂制定了以下预防措施：一是对现有设备进行清理，制订并实施维护保养计划。按设备危险性，对现有设备一、二级保养内容从高到低依次进行修订补充，对设备日常点检内容进行完善，高危设备的一、二级保养内容要求在15个工作日内完成。二是建立设备保养监督机制。一、二级保养实施后必须经厂安监人员确认，设备维修主管部门须建立设备日常点检维护定期检查制度。三是建立新工艺、新材料、新设备的安全认证程序文件。采用新工艺、新材料、新设备前，必须经设备管理和安监人员进行论证，以确保其安全性。四是制定暂存原材料的防尘措施，并加强对操作人员的培训，提高操作人员的操作技能和安全意识。五是针对危险性较大的设备，对安全保护、维护保养等方面进行全面梳理，分别制定相应的措施，严格落实责任单位及实施进度。

28. 硫化氢应力腐蚀造成回流罐筒体封头产生裂纹导致爆炸

2011 年 11 月 6 日 23 时 55 分许，吉林省某石化公司（本案例中简称石化公司）位于气体分馏装置冷换框架一层平台最北侧的脱乙烷塔顶回流罐，突然发生爆炸，造成 4 人死亡、1 人重伤、6 人轻伤，直接经济损失 869 万元。

（1）事故相关情况

石化公司成立于 2009 年 5 月，经营范围：汽油、柴油、丙烯、丙烷生产和销售等。

（2）事故发生经过

2011 年 11 月 6 日 23 时 55 分许，石化公司位于气体分馏装置冷换框架一层平台最北侧的脱乙烷塔顶回流罐，突然发生爆炸，罐体西侧封头母材在焊缝附近不规则断裂，导致封头的 85% 部分从安装地点沿西北方向飞出 190 m，落至成品油泵房砖砌围墙处，围墙被砸毁约 4 m²，碰撞产生的冲击波将泵房所有玻璃击碎。其余罐体连同鞍座支架在巨大的反作用力作用下，挣断与平台的焊接，向东飞行 80 m，从二套催化裂化装置操作室及循环水泵房房顶掠过，将操作室顶棚和部分墙体刮塌，将循环水泵房东侧房顶砸塌约 5 m²。罐体爆炸后，罐内介质（乙烷与丙烷的液态混合物）四处喷溅、气化，并在空气中扩散，与空气中的氧气充分混合达到爆炸极限，间隔 12 s 后，遇明火发生闪爆。此次爆炸事故造成 4 人死亡、1 人重伤、6 人轻伤，直接经济损失 869 万元。

（3）事故原因分析

1）直接原因。硫化氢应力腐蚀造成回流罐封头产生微裂纹，微裂纹不断扩展，致使罐体封头在焊缝附近热影响区发生微小破裂，导致介质小量泄漏，10 min 内罐内压力下降了 0.037 MPa。随着微小裂口的发展增大，罐体封头强度急剧减弱，在 23 时 55 分，罐体封头突然整体断裂，首先发生物理爆炸，罐内 3 t 介质全部外泄，迅速挥发，挥发的气体与空气混合达到爆炸极限，12 s 后遇明火发生闪爆。

2）间接原因。

①该公司 2004 年建成投产的 4 万 t/a 气体分馏装置，抄袭沈阳某蜡化厂同类装置设计文件；该装置 2007 年 12 万 t/a 扩容设计过程中，抄袭某炼油厂 12 万 t/a 气体分馏装置设计文件，部分主要设备委托北京某化学工程有限公司进行核算。由于是非正规整体设计，两次设计均未考虑硫化氢腐蚀因素，没有设计配套的脱硫设施，致使 2009 年年末之前所生产的液态烃长期无有效、相应、可控的脱硫手段，导致催化液态烃时硫化氢含量时有超标现象。

②该装置 2004 年建设过程中，所有压力容器均属利用抄袭图样私自委托制造，产品出厂后无合格证、质量证明书和铭牌等技术文件及资料，严重违反了相关规定。在焊接压力容器中，常可能隐藏制造质量缺陷，这些缺陷在适当的条件下，如硫化氢应力腐蚀情况下，会使容器加剧破坏。

③该装置由企业自行施工安装，但该企业无安装资质。发生爆炸的回流罐鞍座下钢结构支架与平台焊接不牢固，致使支架挣脱与平台

的焊接随同罐体飞出，刮塌操作室屋顶，砸塌循环水泵房屋顶。

（4）事故教训和相关知识

脱乙烷塔顶回流罐爆炸事故发生后，调查组在现场勘查、调查问询的基础上，进行了一系列理论计算、分析论证。通过分布式控制系统数据，排除了操作因素导致此次爆炸的可能性；通过现场监控录像等，排除了因介质大量泄漏发生火灾引发爆炸的可能性；该罐未从焊缝处开裂，排除了焊接质量问题导致爆炸的可能性；通过强度核算，排除了罐体封头厚度不够原因造成爆炸的可能性；通过钢材质量报告单，排除了母材原始成分超标导致爆炸的可能性。事故的直接原因，是硫化氢应力腐蚀导致回流罐破裂。

该公司气体分馏装置在2004年11月建成投产后，没有有效的脱硫手段，一套催化裂化装置与二套催化裂化装置所产生的液态烃只配套有碱洗系统，脱硫效果一直不佳，直至2009年年末，20万t/a脱硫醇装置才建成投入使用。从化验分析报告单看出，2009年年末之前，硫化氢含量时有超标现象。

从理论上分析，当液态烃中含有微量水时，硫化氢溶解于水，可在水中离解出氢离子，在0~65℃温度范围内，发生电离反应，生成氢气。原子半径极小的氢原子在压力作用下渗入钢的晶格内部，并融入晶界间。融入晶格中的氢有很强的游离性，在一定条件下将导致材料的脆化（氢脆）和氢致开裂，在晶格等处产生应力集中，超过晶界处强度后生成微裂纹，并随运行时间的延长，逐步扩展。

2011年11月9日，相关机构对事故罐封头进行了超声波测厚检测，检测发现大量分层现象。相关部门对该罐封头及筒体进行了超声波测厚检测，也证实了这一点，并且测出分层倾角最大为10.2°，初步判定封头测点处存在分层。同时，事故调查组从封头上取样0.04 m²进行微观金相试验，进一步证实存有大量分层现象。从金相分析看，不排除母材有原始分层现象，金属分层现象是硫化氢应力腐蚀的重要影响因素。

　　企业的设备设施应做到本质安全。本质安全是指通过设计等手段使生产设备或生产系统本身具有安全性，即使在误操作或发生故障的情况下也不会造成事故。抓本质安全，源头还是应该从设计抓起，从项目的建设抓起。这是因为如果设计上达不到本质安全，有些缺陷可以通过整改解决，但有些缺陷无法通过整改解决，必须推倒重来。而如果在设计时就考虑本质安全，不但可以避免返工，还可节省投资。在采用新工艺时，对其安全性必须要有正确的评估，在设计时重视解决存在的安全问题。例如，某化工公司在将常压变换改成加压变换时，从技术经济角度上讲，采用的工艺比较先进，但对湿态硫化氢腐蚀的工艺问题认识不足，投用后接连发生因腐蚀引起的设备爆炸事故；从本质安全角度讲，此工艺设计是有缺陷的。所以，抓本质安全首先要从设计开始。

　　事故之后，该企业修订并完善安全生产责任制，明确职责，落实责任，真正建立起企业安全管理的有效机制，严格安全管理，规范安全操作规程，提高人员的安全技能。企业严格按照操作规程及停工方案安全平稳停车、退料、扫线，达到检维修条件。此外，企业加强了对安全管理人员、特种作业人员和普通员工的安全教育和培训工作，特别是加强对要害岗位操作人员安全培训，提高员工的风险辨识和应急处置能力，提升全员安全意识。加强工艺纪律，完善设备管理制度，界定管理界面，理顺工作程序，按规定严格进行各种物料质量标准检测检验。重新修订、完善事故应急救援预案，并定期开展演练活动，提高预案的科学性和可操作性。

29. 配电室电缆沟存有积水电缆外层绝缘层破损导致电缆被烧毁

2009 年 2 月 19 日，某化工厂值班电工在合成低压配电室进行巡回检查，发现电缆沟内一闪一闪有打火现象，随即电缆沟着火，将几十根电缆全部烧毁。

（1）事故发生经过

2009 年 2 月 19 日 14 时 10 分左右，某化工厂值班电工按照规定到合成低压配电室进行巡回检查，检查中发现电缆沟内出现一闪一闪的打火现象，随即揭开电缆沟盖板进一步检查，却没有发现明显的电缆着火痕迹。

这名值班电工把电缆沟盖板复位后，准备到车间办公室向车间领导报告，刚走出配电室门口，突然听到一声巨响，随即电缆沟着火，黑烟滚滚，电缆沟内几十根电缆全部被烧毁，进而导致该配电室 ME2500A 进线断路器跳闸，0.4 kV 母线断电，正在运行的多台设备跳闸，极大地影响了生产。后经电气工作人员 8 小时的紧急连续抢修，该配电室恢复正常供电，系统逐步恢复正常生产。

（2）事故原因分析

1）直接原因。该配电室电缆沟内存有一定积水，积水中含有碱液和氨等杂质，部分电缆泡在积水中，因长期遭受腐蚀，多根电缆绝缘层破损。加之当时一台铜泵电动机在运行中被烧毁，强大的故障电流经过该电动机电缆时，使电缆发热，绝缘层被击穿损坏，对地或相间放电打火，引发沟内电缆全部被烧毁，导致部分电缆对地或相间完全短路，强大的短路电流使该配电室进线断路器跳闸，低压母线断电。

2）间接原因。

①该配电室电缆沟在设计施工中存在一些问题，如相邻的两个低

压配电室电缆沟互相贯通，电缆在沟内相互交错，布置排列复杂混乱，施工检修很不方便，以致沟内电缆不能得到及时维护维修。

②电缆沟设计施工时防渗水处理不彻底，导致沟内存在一定量的带有碱液和氨等杂质的积水，对电缆绝缘层造成腐蚀。

③该配电室的日常运行管理和规章制度不能严格落实执行，电气设备、设施维护检查工作不全面、不到位，没有及时排出含有杂质的积水和修复腐蚀破损的电缆，没有采取有效措施消除隐患。

（3）事故教训和相关知识

在化工企业、生产制造企业，电缆沟属于附属设施，往往不被人们注意，因此在设计、施工和日常管理上就容易出现问题。这起事故就是如此，配电室电缆沟内存有一定积水，部分电缆浸泡在积水中并遭受腐蚀，导致多根电缆绝缘层破损，直至发生爆炸、火灾。

对类似事故的预防，需要从设计施工和日常巡视检查、维护维修等多方面着手，全方位切实做好防范措施，确保电缆的安全稳定运行。

在低压电缆沟设计方面要注意以下事项：

1）设计时，相邻配电室内电缆沟不要互相连通，这样有利于沟内电缆停电检修，以免在事故状态下由他室来的电缆漏电引起电击事故。

2）设计时，应考虑室内电缆沟的防渗水问题。配电室周围排水不畅时，应给电缆沟加防渗墙。如条件允许，可以把配电室地基垫得高于周围地平面或建成二层的配电室，在二层设置配电室，一层沿墙敷设电缆。

3）应根据实际情况合理选择电缆。一般情况下应优先选用交联聚乙烯电缆，其次是不滴流绝缘电缆，最后为普通油浸绝缘电缆。在电缆敷设环境高差较大时，不应使用黏性油浸纸绝缘电缆。

4）电缆敷设前应进行检查确认。支架应齐全，油漆应完整；电缆型号及规格、电压应符合设计；电缆绝缘应良好；当对油浸纸绝缘电缆的密封性有怀疑时，应进行潮湿判断；直埋电缆与水底电缆应经直流耐压试验并合格。

5）电缆沟内用角钢支架配线时，电缆在支架上受力不均匀，其棱角会损伤电缆，尤其在敷设过程中更易损伤。电缆截面越大，损伤越严重，因而在敷设大电缆时，应将电缆放在支架靠沟壁处。电缆沟支架上的电缆不宜放得太满，应排列整齐，互不纠缠交错，以便更换时抽出旧电缆。

6）对于室内电缆，出口宜留在墙壁上部，尽量不要在墙脚处。这样可避免物料等液体从电缆口流进电缆沟，同时出口洞应留得大一些，以利于施工和检修。

7）相邻配电室电缆沟的隔墙应涂上防火涂料，这样可避免一沟着火时，火苗窜入他沟。

8）电缆在墙壁夹层或地下室敷设时，应安装相应的照明装置，也应留几个观察口和通风口，以方便日常巡检。

在日常巡视和维护维修方面，应加强对电缆沟的定期巡视检查，应检查电缆终端头绝缘子有无裂痕、积污或烧伤痕迹，终端头有无漏胶、渗油或发热现象，夜间应检查有无发生闪络现象。对于电缆中间接头的数量、敷设位置、电缆型号和设备名称应设台账记录，按项巡检。定期检查并记录电缆表面温度及其周围温度，以确定电缆是否过负荷。定期检查分析电缆腐蚀情况。进入房屋的电缆口处，应装设防小动物设施，沟内不得积有污秽及存放易燃物品，不得有渗水现象。

30. 使用达到报废标准的钢丝绳起吊作业物体坠落伤人

2009 年 7 月 9 日，江苏省扬州市某厂通用门式起重机主副钩同时起吊圆柱形构件进行翻身操作，当重物离开制造平台准备翻身操作时，钢丝绳突然断裂，构件坠落，将司索工砸伤致死。

（1）事故发生经过

2009 年 7 月 9 日 7 时 10 分，江苏省扬州市某厂在生产中，作业人员操作通用门式起重机主副钩，同时起吊圆柱形构件进行翻身操作。当重物起吊离开制造平台 300 mm，指挥指示起重机司机赵某用主钩将重物吊至竖直后，司索工王某进入构件底部更换副钩钢丝绳吊耳位置，在准备翻身操作时，主钩下捆绑构件的钢丝绳突然断裂，构件坠落，将司索工王某砸伤，王某在送往医院的途中死亡。

（2）事故原因分析

1）直接原因。

①发生断裂的钢丝绳在 1/3 处断开，且断口附近断丝严重，明显超出报废标准。

②实际操作与原吊装方案不符，原计划把重物吊悬空竖直后放在支架上，然后再调整绳头，进入下一步工作。

③钢丝绳直径偏小，经计算，捆绑用绳的张力远大于其许用拉力，起重严重超载。

2）间接原因。

①钢丝绳大部分断丝严重，如老鼠尾巴状，是早就应该报废的钢丝绳。

②操作时虽然有吊装施工方案，但没有按吊装施工方案操作，属于违章指挥。

③构件吊离制造平台 300 mm 时，司索工就过去调整吊点，属于违章操作。

（3）事故教训和相关知识

在这起事故中，造成事故的设备是通用门式起重机，限吊 80 t。

被吊重物是圆柱形构件，直径 2 600 mm，高度 2 750 mm，自重 11 t。钢丝绳选用的是直径 17.5 mm，长度 3 800 mm 的两根绳头。事故发生后，经过调查发现，钢丝绳在 1/3 处断开，且断口附近断丝严重，明显超出报废标准；钢丝绳直径偏小，且在严重超载的情况下使用。

起重吊索具是起重吊装、搬运作业的重要辅助工具，主要包括钢丝绳、吊索、吊带、吊钩、钢板钳等。吊索具的品种繁多，使用环境复杂多变，使用人员众多且素质参差不齐，危险因素多，危害性大，如果使用不当或管理不善，极易发生事故。吊索具发生事故的原因主要如下：吊索具的生产制造不规范；吊索具使用人员安全技术素质低、安全意识差；吊索具的安全管理未纳入正常渠道，管理粗放；此外，起重机司机操作不当，起重机上升限位器失灵等也是引起吊索具断裂的一个重要原因。

对于起重吊索具存在的问题，企业要加强对在用吊索具的安全管理，根据生产实际制定相应的吊索具安全管理制度，对在用吊索具全面登记，建立吊索具明细卡。在每条吊索具上挂铭牌，标注吊索具的名称、型号、额载、投入使用日期等内容。加强吊索具的日常安全管理，做到专人管理、专人使用、定点存放、定期检查、及时报废，并做好吊索具的维护与保养工作。与此同时，要强化吊索具使用人员的安全培训，着重强化其安全技术素质的提高，要求使用人员掌握吊索具的基本安全技术知识，熟悉所用吊索具的基本性能和使用要求，了解在不同的使用环境中吊索具重心及额载的计算，掌握所用吊索具的安全检查方法和报废标准等。只有掌握了这些基本安全知识，并在实践中合理运用，才能保证正确使用吊索具，确保起重吊运的安全。

31. 新员工操作电动葫芦电动限位器失灵料斗坠落

2006 年 3 月 13 日，山东省济宁市某化工厂（本案例中简称化工厂）发生了一起电石料斗高处坠落事故，造成 PVC（聚氯乙烯）生产停车 4 h，所幸未造成人身伤害事故。

（1）事故发生经过

2006 年 3 月 13 日 10 时 40 分，化工厂乙炔工段电石加料岗位操作工张某，在电石料斗提升操作过程中，精力不集中，造成电动葫芦钢丝绳过卷，限位器失灵，致使钢丝绳绳头从卡绳器中脱落，吊钩秤、吊钩及电石料斗从 18 m 的高处坠落，巨大的冲击力将电石推料小车及部分钢轨砸坏。事故发生后，公司及各部门领导亲赴现场，组织协调设备抢修工作，经过员工的共同努力，于当日 15 时，恢复正常生产。此次事故造成 PVC 生产停车 4 h，严重影响了企业的安全生产。

（2）事故原因分析

1）直接原因。操作工张某安全意识淡薄，操作不精心，是造成此次事故的直接原因。

2）间接原因。

①电动限位器失灵，没有起到安全装置的保护作用，是造成此次事故的重要原因之一。

②电动葫芦操作是一项特殊工种操作，操作人员未经专业教育、培训，未取得特种设备安全作业证，不得进行特种设备作业。而此次事故的操作工张某是刚入厂仅 1 个月的员工，未经有关部门的培训，不具备特种设备操作资格，无独立操作能力，是造成此次事故的又一重要原因。

③各项安全管理制度没有认真落到实处，一些员工还存在有章不循、有法不依的习惯性违章现象。

（3）事故教训和相关知识

造成事故的原因之一是电动限位器失灵，没有起到安全装置的保护作用。

起重机限位器有行程限位器和上升限位器，是保障起重机正常运行的重要安全装置。以常见螺杆式上升限位器为例，其失灵原因主要如下：一是操作失误，起重时出现斜吊。斜吊时钢丝绳不再从导绳器中垂直下落，而是在其倾斜方向上对导绳器产生一个侧压力。当钢丝绳缠绕时，导绳器由于受到侧压力的影响而使运动轨迹变形，同时侧压力传递到上升限位器的螺杆上之后，将作用到限位器的撞头。二是起升机构制动器制动松动。起重机起升机构在运行一段时间后，制动器易出现刹车片老化、磨损、抱闸间隙过大等现象，导致起升机构的制动器制动松动，出现制动滞后问题。如果起升机构制动松动，即使上升限位器发生动作，但由于制动滞后，吊钩依旧上行，很容易发生冲顶事故。三是小车运行机构制动过紧。小车在运行中，其运行机构制动过紧会引起吊钩在惯性的作用下，沿起重机主梁方向剧烈摆动。吊钩的摆动会通过钢丝绳的摆动产生一个侧压力，作用到导绳器及上升限位器的螺杆上。当吊钩的摆向与螺杆带动撞头使限位器动作的移动方向一致时，上升限位器就会提前动作；当方向相反时，上升限位器的动作就会滞后，这时吊钩仍可上行，易发生冲顶事故。另外吊钩的摆动与斜吊相似，对导绳器、上升限位器的螺杆也有损害。四是大车运行机构制动过紧。在制动过紧情况下，大车制动后，吊钩会沿与起重机主梁垂直方向摆动，钢丝绳则对导绳器、上升限位器螺杆产生损害，也与斜吊所产生的损害相似。

电动葫芦属于特种设备，限位器等安全装置失灵、失修，也从另一个侧面反映了车间对特种设备的管理存在漏洞，特种设备的维护保养工作还没有认真落到实处，相关部门的设备管理工作做得还不够好。

事故之后，企业应加强对员工安全技能和操作技能的培训，提高员工的安全意识和业务技能，牢固树立"安全生产、人人有责"的思想和"隐患猛于虎"的安全意识。企业应加大日常安全检查力度，对全厂起重设备、压力容器、机动车辆等特种设备进行彻底清查，主要检查特种设备各种安全装置的运行情况和日常保养工作，以及特种作业人员的持证上岗情况，根据车间自查情况督促隐患整改工作。

32. 切割机电源线绝缘层破损漏电致使整体带电导致触电

2011 年 7 月 26 日 13 时左右，北京某水泥制品厂（本案例中简称水泥制品厂）在进行水泥板切割作业时发生一起触电事故，造成 1 人死亡，直接经济损失 70 余万元。

（1）事故相关情况

水泥制品厂成立于 2006 年 2 月，主要经营水泥制品生产和销售。

（2）事故发生经过

2011 年 7 月 26 日 13 时左右，水泥制品厂切板工陈某某，在车间从北向南推切割机切割水泥板时，因缠绕在切割锯推手上的电源线绝缘层破损，导致其触电死亡。

（3）事故原因分析

1）直接原因。切割机电源线绝缘层破损漏电。电源线缠绕在切割机的铁质把手上，漏电部位与切割机可导电部位搭接，致使切割机整体带电，导致人员触电。

2）间接原因。

①安全装置不符合安全要求。切割机未进行保护接零或接地，切割机电源线为四芯软线，但实际只接了 3 根电源线，未进行保护接零或接地；漏电断路器跳闸时间延缓，无防雨措施，没有经过有资质的电工做电气维护。

②水泥制品厂安全管理不到位。切割机操作人员未佩戴劳动防护

用品，陈某某在操作切割机进行切板作业时未戴绝缘手套、穿绝缘鞋。

③水泥制品厂未制定切割机操作岗位安全操作规程，对切板作业是否需要穿戴劳动防护用品和安全注意事项等未作具体规定。

④水泥制品厂对作业人员的安全培训教育不到位，进行的安全教育培训只是宽泛的、口号式的说教，安全教育培训不够深入，未针对作业岗位的具体情况进行有针对性的安全交底和技术培训。

（4）事故教训和相关知识

在这起事故中，由于切割机电源线绝缘层破损漏电，而电源线又缠绕在切割机的铁质把手上，漏电部位与切割机可导电部位搭接，致使切割机整体带电，导致人员触电。切割机有大有小，种类很多，事故中的切割机属于手持电动工具。手持电动工具容易发生触电事故，特别是在夏季，由于穿衣单薄，手上有汗，更容易发生触电事故。

手持电动工具触电事故多的原因主要如下：

1）手持电动工具工作时都是被手紧握的，手与工具之间的电阻小。一旦工具外露部分带电，将有较大的电流通过人体。且一旦触电，由于肌肉收缩，手难以摆脱带电体。

2）手持电动工具有很大的移动性，电源线容易因拉拽、摩擦而漏电，电源线连接处容易脱落而使金属外壳带电。而且手持电动工具可能在恶劣的条件下移动，容易损坏而使金属外壳带电。

3）小型手持电动工具采用 220 V 单相交流电源，由一条相线和一条零线供电。如果错误地将相线接在金属外壳上或错误地将保护零线断路，均会造成金属外壳带电，导致触电事故。

预防手持电动工具触电事故，需要做好检查与保管工作。手持电动工具在使用前，使用者应该进行日常检查。日常检查的内容如下：外壳、手柄有无破损、裂纹，机械防护装置是否完好，工具转动部分是否转动灵活、轻快无阻，电气保护装置是否良好，保护线连接是否正确可靠，电源开关是否正常灵活，电源插头和电源线是否完好无损。发现问题应立即修复或更换。除了日常检查，每年至少应由专职人员定期检查一次，在湿热和温度常有变化的地区或使用条件恶劣的地方，应相应缩短检查周期。梅雨季节到来前应及时检查，检查内容除上述日常检查的内容外，还应用 500 V 的兆欧表测量电路对外壳的绝缘电阻。对长期搁置不用的工具，在使用前也须检测绝缘性能。工具的维修应由专门指定的维修部门进行，使用必要的检验设备仪器。不得随意改变该工具的原设计参数，不得使用低于原性能的代用材料，不得换上与原规格不符的零部件。工具内的绝缘衬垫、套管不得漏装或随意拆除。

33. 搅拌机使用年限过长存在事故隐患导致机械伤害

2014 年 3 月 28 日 7 时 10 分许，山东省青岛市某胶管有限公司（本案例中简称胶管公司）院内发生一起机械伤害事故，造成 1 人死亡，直接经济损失 100 余万元。

（1）事故相关情况

胶管公司成立于 2003 年 12 月，从事输送带、胶管等的综合生产。

事故发生前，胶管公司委托青岛某建筑有限公司（本案例中简称建筑公司）进行地面硬化。建筑施工队所使用的 JZC350 型搅拌机安置在公司院内西北角。搅拌机设备使用说明书在操作注意事项中注明：在运转过程中不得进行检修。

（2）事故发生经过

2014 年 3 月 28 日，胶管公司院内进行地面硬化施工。7 时许，建筑公司进行地面硬化的施工人员贾某、于某、王某 3 人在工地上作业。

于某驾驶铲车将施工作业区坑洼处用石子填平，贾某在石子堆垛旁边作业。7 时 10 分许，王某在未给搅拌机断电的情况下，将料斗升到半坡，站在料斗上，敲打清理滚筒上的混凝土，在敲打过程中震到了接触器触点，导致电路导通，搅拌机的上料斗上升，将王某挤在搅拌机上料架的横梁上。于某看见后，招呼其他人进行救援，停下搅拌机，将王某从上料架的横梁上抬下来。于某拨打了"120"急救电话，"120"救护车赶到后，经随车医生现场确认王某已经死亡。

（3）事故原因分析

1）直接原因。事故发生时，王某在搅拌机未断电且滚筒仍转动的情况下，在进料口清理凝固的水泥。由于所用设备使用年限过长，控制箱固定不牢，控制板与箱体上端无螺栓固定，加之滚筒转动产生的震动和人工敲打产生的震动，接触器内触点支撑弹簧回弹无力，造成触点间隙过小，导致电源导通，电机运转带动料斗上升，将正在进料口清理的王某挤在搅拌机上料架的横梁上致其死亡。

2）间接原因。

①建筑公司将承揽的胶管公司路面硬化工程转包给没有工程施工资质的刘某建筑施工队。刘某建筑施工队承揽该路面硬化工程后，临时组织民工进行工程作业，未对施工人员进行安全培训，现场监护不力，违章检修，无序作业。建筑公司安全生产规章制度不健全，尤其是生产安全事故隐患排查制度不落实，公司负责人及安全管理人员未按规定参加安全培训。工程转包后，建筑公司对施工方疏于管理，现场监管不力，安全管理不到位，是导致事故发生的主要原因。

②胶管公司安全生产责任制不完善，公司安全生产规章制度不健全，操作规程不健全，未按规定对员工进行安全教育培训。

（4）事故教训和相关知识

事故隐患是指企业在生产经营活动中存在可能导致事故发生的物的不安全状态、人的不安全行为和管理上的缺陷。通常来讲，事故隐患可分为一般事故隐患与重大事故隐患。一般事故隐患是指危害和整改难度较小，发现后能够立即整改排除的隐患。重大事故隐患是指危害和整改难度较大，应当全部或者局部停产停业，并经过一定时间整改治理方能排除的隐患。治理隐患，首先需要辨识隐患，隐患辨识的方法很多，常用的有工作危害分析、安全检查表分析、预先危险性分析、故障树分析、事件树分析、危险与可操作性分析等。

在企业安全管理中，排查、辨识以及治理一般隐患，主要依靠操作人员的排查与辨识，这也是为什么需要全体员工参与的原因。只有真正发挥员工的作用，才能够从生产一线辨识出更多、更具体、更实际的隐患，生产过程才能更安全，员工的安全意识和技术水平才能提高。有的企业倡导创建"无隐患岗位"，就是员工参与隐患整改的一种具体形式。以这起事故为例，搅拌机使用年限过长，控制箱固定不牢，控制箱里面的控制板与箱体上端无螺栓固定，这都是操作人员能够发现的，也是操作人员能够解决的。即使自己解决不了，也可以让电工帮助解决。至于接触器内触点支撑弹簧回弹无力，造成触点间隙过小的问题，则需要上报，或者修理或者更换接触器。如果在事故发生前消除了这些隐患，那么事故就很难发生。

对这起事故，企业最应该吸取的教训，就是按照规定加强对员工的教育培训，使员工具备必要的安全知识，掌握本岗位的安全操作技能，增强事故预防水平和应急处理能力。同时举一反三，彻底排查企业存在的生产安全事故隐患，堵塞各种安全漏洞，强化安全监管手段和措施，规范作业人员的安全生产行为，确保安全生产。

34. 电表接线端子处电气故障临街店铺发生电气火灾

2016 年 6 月 22 日 16 时 11 分许，位于河北省威县中华大街的临街店铺石家庄某餐饮管理有限公司（本案例中简称餐饮公司）威县分公司（本案例中简称分公司），电表箱处突然发生电气打火引发火灾。该起火灾造成 3 家店铺不同程度过火烧损，过火建筑面积 1 319 m^2，造成 4 人死亡。

（1）事故相关情况

餐饮公司成立于 2012 年 4 月，经营范围：餐饮管理、餐饮服务。

（2）事故发生经过

2016 年 6 月 22 日 16 时 11 分许，分公司与某粥屋连接处的西侧外墙上分公司的电表箱处突然发生电气打火，迸溅出大量电火花并伴有黑烟，被扑灭后又发生多次打火。随后，电表箱处起火燃烧，引燃紧靠电表箱处悬挂在一楼和二楼之间的门头牌匾，火势迅速向南北两侧蔓延至相邻两家店铺。

当时，分公司店长路某某和股东刘某某等人正在二楼宿舍休息，路某某接到一楼收银员关于西侧外墙电气打火报告后，与刘某某先后下楼。16 时 17 分 31 秒，路某某从正门走出，看到电表箱起火后立即进入店内拿灭火器进行灭火，将火势基本扑灭。16 时 18 分 30 秒，电表箱处再次打火，周围群众用灭火器进行扑救，在扑救期间，可见电表箱处仍在继续打火。16 时 21 分 12 秒，电表箱上部门头牌匾处有着火物掉落于空调外机上，并逐步引燃了周围可燃物，火势蔓延。16 时 22 分 23 秒，电表上方连接的电线被烧断，负荷端掉落至地面。路某某见火已无法扑灭，服务员告知他二楼还有人未出来后，他打电话给二楼被困厨师张某某，让其想办法赶紧跑出来，当时火势已经很大了。在此期间，刘某某报了火警。

16 时 18 分 54 秒，威县消防中队接到报警，立即出动两部水罐消防车、一部泡沫水罐消防车、一部抢险救援车，22 名消防队员赶赴现场。出警途中联系支队指挥中心请求增援，支队指挥中心迅速调派广宗、平乡、临西、清河 4 个中队赶赴现场增援。16 时 29 分，威县消防中队到达现场立即开展侦查，经询问得知有人员被困，随后迅速搜救被困人员并开始灭火。支队全勤指挥部到达现场后，组织各参战中队继续搜救和灭火工作。搜救人员在分公司二层北排最东侧雅间内陆续救出 4 名被困人员。4 名被困人员被紧急送往威县人民医院进行抢救，经抢救无效死亡。20 时 40 分，大火被彻底扑灭。

（3）事故原因分析

1）直接原因。分公司计费的电表接线端子处电气故障引发火灾是起火原因；火灾发生后，引燃了紧临的电表箱及悬挂在一楼和二楼之间的门头牌匾，火势迅速向南北两侧蔓延是造成火势扩大的主要原因；火灾发生后，分公司未能及时组织人员疏散逃生是造成人员死亡的主要原因。

2）间接原因。

①分公司消防安全设施不达标。分公司将二层的 4 个雅间改建为员工宿舍，住宿部分与非住宿部分未进行防火分隔，住宿部分未设置独立的疏散设施，不符合相关规定要求。

②分公司消防主体责任落实不到位，未按照消防法律、法规的规定要求建立消防安全责任制，未对员工进行消防安全培训，未制定灭火和应急疏散预案并进行有针对性的消防演练。

③供电公司在 2016 年 3 月实施智能电表更换项目中，未严格落实规定要求，采取分步实施的做法。智能电表更换后，仍使用旧电表箱，而旧电表箱未设置断路器，不符合规定要求。

（4）事故教训和相关知识

这起事故是电表接线端子处发生电气故障，从而引发火灾。

电表和电表箱之所以经常引发火灾事故，主要是电表箱线路老化，受太阳光照、腐蚀性环境等因素的影响，电线绝缘层开裂分解，导致电表箱内线路和部件寿命缩短，电线短路、局部受热，温度升高，点燃可燃物质，进而引发火灾。

在预防措施上，要认真排查电表箱电气火灾隐患，重点查看有无电力负荷猛增造成过载、安装不正确、私拉乱接造成短路、环境潮湿、线路老化、绝缘层破损、接触点接触不良、靠近发热热源等问题。检查时要及时测量线路、空开负载，掌握电表箱内三相不平衡情况和负荷过载情况，紧固接点螺栓，更换老旧线路，增加电表箱电源布点等。电表箱一旦着火后，首先要保持冷静，第一时间切断电源，再用干粉灭火器灭火，同时拨打火警"119"或联系电力部门处理。若电源未切断，千万不能直接泼水灭火，以防触电或者爆炸伤人，造成二次危险。

班组应对措施和讨论

设备的安全管理大致可以分为设备的选购、安装调试和使用 3 个阶段。在这 3 个阶段中，与班组人员关系紧密的是设备使用阶段。在设备使用中，操作人员要格外注意做好设备的维护保养工作，同时及时发现设备存在的问题，出现问题及时报修，防止由小的隐患发展成为大的事故。

（1）保障设备的安全运行

保障设备的安全运行，说起来容易，做到并不容易，尤其是在日复一日枯燥无味的重复工作中，要始终保持工作热情，保持精益求精的工作作风，没有认真负责的工作态度是不行的。以下是两个榜样故事。

1）我师傅的"安全确认"。

我的师傅相西秦，是我4年前的领导，也是我安全生产工作的入门师傅。那时师傅是公司安环部的安全科科长，我们的主要工作就是保障煤气运输管线的安全。我师傅是个"老煤气"了，在这个岗位上已经工作了10多年，对全公司的煤气管网非常熟悉，可以闭着眼睛说出从主管到各用户支管的走向、大小阀门、附属设施，甚至可以细到某个放散管和取样口的位置。

2005年，公司搞了一次全公司煤气管网清灰工作，停煤气、吹扫、清灰，样样都干得很顺利，最后就剩下送煤气恢复生产这个环节了。按照具体分工，送煤气前设备的安全确认是各检修单位安全员的工作，但是师傅不放心，必须亲自检查确认才行。那天已经到了凌晨1时，师傅还是打起精神，和我把所有的作业点又细细地过了一遍。每确认一个，就在事先列好的清单上打上一个对钩。煤气开始输送后，师傅又不辞辛苦地带我沿着管线巡查了一遍。

夜已经深了，我打着哈欠，在师傅后面跟着走，心里暗暗怪他多此一举。等走到炼钢与轧钢交界的路段时，师傅突然停下了脚步，说了句："你听。"我屏住呼吸，竖起耳朵仔细一听，果然在黑暗中传出"嘶嘶"的气流摩擦声。真是奇怪了，我暗自想到，这管道距离地面有8m，所有可能泄漏煤气的装置都在管道上方，而这股气流却分明来自地面，这是怎么回事呢？师傅用手电筒一照，立刻看出了端倪。原来，过去敷设管道时，从主管引下一根细管，安装了两道阀门，防止煤气逸出。需要吹扫时，先停掉主管道里的煤气，用一根软管连接在旁边的氮气管上，按次序打开各道阀门，吹扫后经检测合格，摘掉连接软管，将阀门关闭，再打开煤气管道上的放散阀、人孔等，清扫人员就可以进入内部清扫了。这次清灰人员进入主管道时，为了加强通风，就擅自打开了主管道与阀门连接的短管，作业完成后却忘了关闭阀门，管道里的煤气就从这里泄漏出来！

看到这一幕，师傅和我都不禁倒吸了一口凉气。此地正处在炼钢与轧钢的交界点，几个水泵值班室近在咫尺，路上排满了送钢坯和拉轧材的车辆。凌晨时分，排队的司机们早已在驾驶室内打起了瞌睡。可是就算大家醒着，又能怎么样？生产区里到处是隆隆作响的机器，谁还能注意到这不易察觉的"嘶嘶"声？如果任这条"夺命的毒虫"一直喷射下去，用不了一昼夜，周边的司机师傅可能再也不会醒来。黑暗中，师傅铁青着脸迅速关上了地面吹扫口的阀门，又仔细检查了一遍，确认无误后，他才长舒了一口气，带着我继续向前走下去。

如今，我早已习惯了每天爬上钻下的工作，对于安全工作更是身体力行，因为它关系着人们最宝贵的生命。安全确认，确认安全，这就是我的师傅教给我的最重要一课。

2）保障装置安全是我的使命。

李世祥担任某炼油厂硫黄车间安全工程师已经有10年了，10年岁月、3 000多个日夜，他始终如一牢记自己的座右铭——保障装置安全是我的使命！

李世祥深知，要做称职的安全工程师，仅仅懂得安全知识是不够的。从承担安全工程师责任的那一天起，他就开始全身心地向工艺技术员和操作人员请教，刻苦学习硫黄装置的工艺理论和生产流程。他对照工艺流程图，在车间的4套装置上仔细研究，不辞辛苦地一步步梳理流程，直到将每条管线、每个容器、每台设备的温度、压力、介质等都掌握得一清二楚。

就是凭着这一手绝活，李世祥不止一次发现作业中的危险。那年3月，在进行车间1号变压吸附压缩机检修时，作业人员按照操作规程，多次用氮气置换后，认为已经达到了拆卸条件。可李世祥到现场确认时，一眼就发现了压缩机二级分液罐安全阀火炬线路上的阀门没有关闭。这个阀门没有关闭，如果拆卸时遇到特殊情况放火炬，就会造成硫化氢倒灌，导致人员中毒事故。李世祥对生产工艺的了解，使他对安全意外的控制无形中多了一道"钢闸"。

硫黄联合装置是硫化氢最集中的区域，现场的任何作业如果疏忽，都有可能发生硫化氢泄漏事故。细心的李世祥发现，由于车间连续多年未发生事故，有些人产生了麻痹侥幸思想。对此，他在组织班组安全活动中改变思路，让员工每人都写一篇发生在自己身边的安全警示或事故。把材料收集上来后，他从中筛选出25篇有价值、有教育意义的，精心整理，分事故经过、事故原因和经验教训等几个部分，编辑成册。然后将这些鲜活生动的真实安全经历发到员工手中，同时利用班组安全活动的契机，请当事人现身说法。短短两个月的学习，员工的安全意识明显提高。大家深有感触地说："以后可不敢儿戏了，其实事故离我们并不远，能否发生关键就看我们的警觉性和自觉性。马虎侥幸必出事儿！"

（2）设备使用期的安全管理要求

设备使用期的安全管理，是设备管理的一个重要环节。设备使用期的管理是过程管理，要求对设备使用的各个环节都要认真负责，制定完善的安全管理制度和安全操作规程，并严格执行。

设备使用期安全管理要求主要如下：

1）实行设备使用保养责任制。把设备指定给机组或个人，由机组或个人负责使用保养，确定合理的考核指标，把设备的使用效益与个人经济利益结合起来，把设备安全性与个人安全责任结合起来。

2）实行操作证制度。定机专人操作，操作人员必须经过专门训练考核，确认合格，发给操作（驾驶）证，无证操作按严重违章事故处理。

3）操作人员必须按规程要求做好设备保养，经常保持设备处于良好的技术状态。

4）遵守设备磨合期使用规定。新出厂或大修后的设备必须根据磨合要求运行保养，才可投入正常使用。

5）实行单机或机组核算制。以定额为基础，确定设备生产能力、消耗费用、保养修理费用、安全运行指标等标准，并按标准考核。

6）创造良好的设备使用环境，确保设备安全使用，充分发挥效益。采光、照明、取暖通风、防尘、防腐、防震、降温、防噪声、卫生等条件要良好，安全防护要充分，工具、图纸和加工件都放在合适位置，提供必要的监测、诊断仪器和检修场所。

7）合理组织设备生产、施工。在安排生产计划时，必须安排维修时间，必须贯彻"安全第一、预防为主、综合治理"的方针，在使用与维修发生矛盾时，应坚持"先维修、后使用"的原则。

8）培养设备使用、维修、管理队伍。现代化设备需要由掌握现代化科学知识和技术的人员来操作、维护与管理，才能更好地发挥设备的作用。

9）坚持总结、研究、学习、推广设备使用管理的先进科学知识、技术和经验。

10）建立设备资料档案管理制度，包括设备使用说明书等原始技术文件、交接登记、运转记录、点检记录、检查整改情况、维修记录、事故分析和技术改造资料等收集、整理、保管。

（3）设备安全操作规程内容

设备安全操作规程一般包括设备安全管理规程、设备安全技术要求和操作过程规程。设备安全管理规程主要是对设备使用过程的维修保养、安全检查、安全检测、档案管理等的规定；设备安全技术要求是对设备应处于什么样的技术状态所作的规定；操作过程规程是对操作程序、过程安全要求的规定，它是岗位安全操作规程的核心。

设备安全操作规程通用内容如下：

1）开动设备接通电源以前应清理好工作现场，仔细检查各种手柄位置是否正确，手柄是否灵活，安全装置是否齐全可靠。

2）开动设备前首先检查油池、油箱中的油量是否充足，油路是否畅通，并按润滑图表卡片进行润滑工作。

3）变速时，各变速手柄必须转换到指定位置。

4）工件必须装卡牢固，以免松动甩出造成事故。

5）已卡紧的工件，不得再敲打校正，以免影响设备精度。

6）要经常保持润滑工具及润滑系统的清洁，不得敞开油箱、油眼盖，以免灰尘、铁屑等异物进入。

7）开动设备时必须盖好电气箱盖，避免污物、水、油进入电机或电气装置内。

8）设备外露基准面或滑动面上不准堆放工具、产品等，以免碰伤影响设备精度。

9）严禁超性能、超负荷使用设备。

10）采取自动控制时，首先要调整好限位装置，以免超越行程造成事故。

11）设备运转时，操作人员不得离开工作岗位，并应经常注意各部位有无异常（异声、异味、发热、振动等），发现故障应立即停止操作，及时排除。凡属操作人员不能排除的故障，应及时通知维修人员排除。

12）操作人员离开设备，或装卸工件，对设备进行调整、清洗或润滑时，应停止设备运转并切断电源。

13）不得拆除设备上的安全装置。

14）调整或维修设备时，要正确使用拆卸工具，严禁乱敲乱拆。

15）操作人员思想要集中，穿戴要符合安全要求，站立位置要安全。

（4）班组讨论

1）你认为设备维护保养重要吗？你会维护保养你所使用的设备吗？

2）你认为在设备使用过程中最重要的是日常保养还是定期维修，或者二者都很重要？

3）你认为学习设备运行原理，熟悉操作规程，对安全使用设备有帮助吗？

4）当你发现有人不能正确使用或操作设备时，你会主动帮助他吗？

5）当你发现所使用的设备存在事故隐患或操作不便需要改进时，你能够向班组长提出改进建议吗？

三、设备安全程度不高引发的事故

安全是指客观事物的危险程度能够为人们普遍接受的状态。安全是相对的，不是绝对的，万事万物普遍存在危险因素，不存在危险因素的事物几乎是没有的，就连人走路都存在可能摔跤的危险因素。危险因素有大小、轻重的区别，有的危险因素导致事故的可能性很小，有的则很大；有的引发的事故后果非常严重，有的则可忽略。人们常把危险程度分为高、中、低3个档次，发生事故可能性大且后果严重的为高危险程度，一般情况为中危险程度，发生事故可能性小且事故后果不严重的为低危险程度。应引起注意的是，当设备安全程度不高时，就容易引发事故。因此，当设备安全程度不高时，要预防事故发生。

35. 泡沫成型机模具运行部位无安全装置导致机械伤害

2015年10月16日，山东省青岛市某实业发展有限公司（本案例中简称实业公司）泡沫成型车间一名工人在生产作业过程中被泡沫成型机挤伤致死，直接经济损失约60万元。

（1）事故相关情况

实业公司成立于 2008 年 9 月 9 日，主要生产、销售泡沫制品。

实业公司泡沫成型车间共分东、西两个区域，中间用墙体隔离，车间内共有 43 台 1400 型 EPS（聚苯乙烯泡沫）成型机。泡沫成型机的生产过程是将泡沫颗粒通过管道自动吸入设备，在模具中加热成型，生产出用于进行家电包装的泡沫垫板。泡沫成型机由调机师开机调试后自动运行，无须人员进行操作。每台泡沫成型机配一名产品分拣员，由产品分拣员负责在设备的产品出口捡拾泡沫垫板。发生事故的 42 号泡沫成型机位于泡沫成型车间东侧，在成型机西侧有一长 1.5 m、宽 1 m、高 0.32 m 的操作平台，操作人员可以站在上面操作设备。

（2）事故发生经过

2015 年 10 月 16 日 19 时 30 分，泡沫成型车间 20 名夜班工人上岗工作，车间东侧区域有 5 名产品分拣员，其中产品分拣员简某负责 42 号成型机的产品分拣工作。

20 时 40 分许，车间负责人黄某某巡查到 42 号泡沫成型机附近时，发现简某头部被挤在距操作平台 1.5 m 高的泡沫成型机模具内（42 号泡沫成型机周围的设备都未开启，无其他操作人员），机器已停止运转。黄某某立即召集车间工人将简某从模具中救出，并拨打了"120"急救电话。"120"医务人员到达现场检查后，确认简某已死亡。

（3）事故原因分析

1）直接原因。

①产品分拣员简某在未停机的情况下，冒险进入成型机模具运行区域。

②企业没有按照相关规定要求，在泡沫成型机模具运行部位设置

安全装置。

2）间接原因。

①实业公司虽然建立了事故隐患排查治理制度，但制度的落实不细致、不深入，对泡沫成型机模具运行部位无安全装置的事故隐患排查不到位。

②实业公司没有建立用于规范产品分拣员操作行为的安全操作规程，在生产设备出现产品瑕疵时，产品分拣员无章可循、盲目操作。

③生产现场安全管理不到位，未对产品分拣员简某冒险进入模具运行区域的不安全行为进行制止。

（4）事故教训和相关知识

在这起事故中，引发事故的原因有两个：一个是产品分拣员在未停机的情况下，冒险进入成型机模具运行区域；另一个是企业没有按照相关规定要求，在泡沫成型机模具运行部位设置安全装置。两个原因相比较，未设置安全装置更为严重。

大量事故原因分析结果显示，事故发生主要是缺乏安全技术措施、管理存在缺陷、安全教育不够3个方面原因引起的。因此，必须从技术、管理、教育3个方面采取措施，并将三者有机结合，综合运用，才能有效地预防和控制事故发生。从技术措施上讲，技术措施可提高工艺过程、机械设备的本质安全性，即当人出现操作失误，其本身的安全防护系统能自动调节和处理，以保护设备和人身的安全，所以它是预防事故的根本措施。安全技术措施包括预防事故发生和减少事故损失两个方面。安全技术措施很多，就这起事故而言，主要是设置安全装置。在设备上设置安全装置，当危险因素达到设定值时，安全装置动作，保障安全。例如，在压力容器上安装安全阀或爆破膜，在电气设备上安装熔丝等。如果在泡沫成型机上设置安全防护装置，当人员冒险进入成型机模具运行区域时，或者成型机模具运行受到重大阻碍时，能够自动停止运行，从而确保人员的安全。

36. 注塑机存在短路漏电故障未采取接地措施导致触电

2017 年 7 月 10 日 20 时 10 分许，广东省惠州市潼侨镇某科技股份有限公司（本案例中简称科技公司）厂房内的惠州市某塑胶制品有限公司（本案例中简称塑胶制品公司）员工在作业过程中，发生一起触电事故，导致 1 人死亡。

（1）事故相关情况

塑胶制品公司成立于 2016 年，经营范围为设计、生产、加工和销售塑胶制品、五金制品、五金模具。

2016 年 2 月 1 日，塑胶制品公司与科技公司达成协议，租赁科技公司厂区内约 750 m² 的厂房进行生产，双方签订了租赁合同，没有签订安全管理协议。

塑胶制品公司生产车间为单层建筑，分为相互连通的两部分：第一部分为搭建的铁皮棚，占地约 300 m²，用作模具修理车间，内有冲压模具修理机器设备数台；第二部分为注塑车间，砖混结构，内部吊顶，占地约 450 m²。注塑车间分为两个区域，以车间中间南北方向过道为间隔：东侧区域为塑胶原料及成品存放区；西侧区域为生产作业区，由外至内依次横向摆放不同规格型号的注塑机 7 台，标注为 1~7 号，各注塑机之间作业间隙为 1~1.2 m。根据现场了解，3 号注塑机为 2017 年 6 月中旬购买并安装使用，4 号注塑机为 2017 年 7 月 10 日购买但未安装，其余注塑机为塑胶制品公司原有设备。

事故发生部位为注塑车间 3 号注塑机操作岗位。调查了解，3 号注塑机于 2017 年 6 月 18 日安装使用以来，曾有过两次漏电现象，其中一次击伤塑胶制品公司员工的左上肢。塑胶制品公司向生产厂家反映机器漏电现象，并根据厂家要求，更换了机台的发热电圈，后未经有效检测继续生产作业。

（2）事故发生经过

2017年7月10日20时，塑胶制品公司安排4名员工上夜班，准备用3号、5号、6号、7号机器进行生产作业，王某某被安排在3号注塑机岗位。上班前，操作人员要将注塑机内的模具更换成自己所要注塑的模具，在这期间，必须使用行吊进行操作。20时10分左右，王某某正在更换3号注塑机内的模具，当时正在车间发放夜班物料的仓库管理员徐某某（在6号机台发放物料）听到王某某的呼叫声，发现王某某一手拉着行吊铁链，一手扶着3号注塑机机壳，好像处于触电状态。于是徐某某立即赶往3号机台，准备用手直接将王某某拉下操作台，当接触到王某某的身体时被强烈的电流击退。徐某某意识到王某某可能触电了，就迅速通知领班李某某关闭电源总闸。当电源断开的一刹那，王某某从操作台摔倒在地上。徐某某观察到王某某还会自主呼吸，就立即对王某某进行人工呼吸和心脏按压急救。生产经理秦某某现场拨打了"120"急救电话，约6 min后，徐某某发现王某某瞳孔有扩散迹象。此时公司负责人马某某驾车赶到公司，决定开车将王某某直接送往医院急救，当车行驶到肉联厂附近，发现"120"急救车后将王某某转移至"120"急救车上，医生立即对王某某进行心肺复苏救护。20时40分左右到达人民医院，医护人员对王某某进行抢救。21时10分左右，王某某经抢救无效死亡。事故造成直接经济损失93万元。

（3）事故原因分析

1）直接原因。塑胶制品公司3号注塑机存在短路漏电故障；3号注塑机未整体接地，设备短路漏电不能及时导入地下；空气开关未设置漏电保护功能，致使设备发生短路或漏电故障时不能及时跳闸；

王某某先用一只手拉电动葫芦铁链，后用另一只手接触该注塑机铁链时，人体瞬间成为过电导体，导致其触电身亡。因此，3号注塑机短路漏电是导致事故发生的直接原因。

2）间接原因。

①塑胶制品公司安全生产主体责任落实不到位，公司主要负责人法治意识不够强，对公司员工未进行安全教育培训，重点部位和岗位未张贴安全操作规程，安全管理制度落实不到位，致使企业员工缺乏安全意识。

②塑胶制品公司3号注塑机存在短路故障，且在已发生漏电现象甚至有员工被电击伤的情况下，企业负责人和安全管理人员未采取停机停产、聘请专家勘验漏电原因等有效措施，而是通过电话咨询机器设备生产厂家更换机台发热电圈，在未将设备的事故隐患彻底排除前，就继续开机作业。

（4）事故教训和相关知识

事故之后，现场检查发现，3号注塑机所标示厂家为某国际船舶及海洋工程有限公司，产品系列为"SNA"，工作压力为18.5 MPa，电压为380 V，锁模力为1 680 kN，频率为50 Hz，功率为22 kW，出厂日期为2017年6月16日。塑胶制品公司在3号注塑机与4号注塑机之间放置了一架简易操作台，操作台头顶贴近楼板的工字钢桁架上设置了一台3 t的行吊，行吊链条及其下端吊钩垂落至操作台旁；3号注塑机底座部位安装有一个简易插座，插座上插有一个两脚插头为操作台上的照明灯具供电。经现场测量，3号注塑机与4号注塑机间距为101 cm，仅可容纳一名操作人员转身。

这起事故的发生，在于3号注塑机存在短路漏电故障。通常，在设备安装之后，都应采取保护接地措施，目的是预防间接触电。间接触电是指正常情况下电气设备不带电的外露金属部分，如金属外壳、金属护罩和金属构架等，在发生漏电、碰壳等金属性短路故障时就会出现危险电压，此时人体触及这些外露的金属部分所造成的触电。

保护接地常简称为接地。保护接地应用十分广泛，属于防止间接接触电击的安全技术措施。保护接地的作用原理是利用数值较小的接地装置电阻（低压系统一般应控制在 4 Ω 以下）与人体电阻并联，将在正常情况下不带电、在故障情况下可能呈现危险的对地电压的金属部分同大地紧密地连接起来，把漏电设备上的故障电压大幅度地降低至安全范围内的措施。此外，因人体电阻远大于接地电阻，由于分流作用，通过人体的故障电流将远比流经接地装置的电流要小得多，对人体的危害程度也就极大地减小了。

保护接地适用于各种中性点不接地电网。在这类电网中，凡由于绝缘损坏、碰壳短路或其他原因而可能呈现危险电压的正常不带电金属部分及其附件，如电机、变压器、断路器和其他电气设备的金属外壳或底座，电气设备的传动装置，室内外配电装置的金属或钢筋混凝土构架以及靠近带电部分的金属遮栏和金属门，配电、控制、保护用的盘、台、箱的框架，交、直流电力电缆的接线盒、终端盒的金属外壳和电缆的金属护层、穿线的钢管，电缆支架，装有避雷针的电力线路杆塔等，除另有规定外，都应实行接地保护。

37. 水处理设备罐内部可燃气浓度达到爆炸极限发生爆燃

2010 年 3 月 25 日 15 时 47 分，北京市顺义区某水处理设备有限公司（本案例中简称设备公司）衬胶车间一铁质水处理设备罐在粉刷防锈涂料过程中发生爆燃，造成罐内的作业人员 1 人死亡、4 人受伤。

（1）事故相关情况

设备公司有两个工作车间，东侧为铁罐车间，面积约为

1 000 m²，西侧是衬胶车间，面积约为 300 m²，两车间中间隔断材料为彩钢板，隔断中间是彩钢板制大门（高 4.5 m，宽 6 m），南侧门扇底部有一供员工出入的小门（高 2 m，宽 1.2 m）。

设备公司水处理设备罐的生产流程如下：第一步，切割大小适合的铁板；第二步，铁罐车间将铁板卷成筒状并焊接成铁罐；第三步，将铁罐运到铁罐车间南侧的喷砂间实施喷砂除锈；第四步，将除锈后的铁罐移至衬胶车间进行防腐处理，即在铁罐内壁上涂刷胶酱，粘贴胶片（主要成分为天然橡胶），粘贴胶片一般在内壁胶酱风干数小时后作业；第五步，将铁罐运至铁罐车间南侧的空地上进行硫化；第六步，对铁罐进行质量检验，检验合格后就可出厂。

（2）事故发生经过

2010 年 3 月 25 日 15 时 10 分左右，设备公司喷砂工王某进入位于衬胶车间中部的水处理设备罐内，对其内壁进行涂刷胶酱作业，所用的照明工具为普通的行灯。6 名衬胶工在衬胶车间南侧工作台边背对铁罐，进行下料作业（在胶片上刷胶酱），同时为下一步在铁罐内壁粘贴胶片做准备。喷砂工叶某坐在同一工作台上面朝铁罐休息。现场所有人员均未穿着防静电工作服。

工作到 15 时 47 分，王某在罐里喊了一声"为什么灯灭了？"叶某听见声音，刚要走到水处理设备罐人孔处观看情况，罐内突然发生爆燃，爆燃的火焰引燃了附近的易燃物，并且将 4 名工人烧伤，同时造成 1 名工人小腿骨折。现场的几名操作人员迅速逃离了现场，受伤工人陆续被送往医院进行治疗。事故发生几分钟后，有救援人员赶到事故现场，控制火情并展开救援。其间，衬胶车间又发生了二次爆炸。16 时 30 分左右，消防队员灭火后在南侧工作台下发现了喷砂工王某，其右脚已经从身体分离，王某被抬出后经现场医疗部门鉴定已死亡。

（3）事故原因分析

1）直接原因。衬胶车间水处理设备罐内部的可燃气体累积，浓度达到爆炸极限，遭遇明火（电气火花或静电）产生爆炸，是此次事故的直接原因。

2）间接原因。

①设备公司负责人及员工安全素质低，缺乏基本的安全常识，未能识别作业中存在的危险因素。

②设备公司在衬胶车间储存大量易燃易爆品，未能与生产场所隔离，造成二次爆炸事故。

③设备公司衬胶车间使用的电气设备不符合防爆要求。

④设备公司未向衬胶车间的员工提供符合国家标准或者行业标准的劳动防护用品，未对危险性较大的衬胶车间的员工进行有针对性的安全教育培训，未针对衬胶车间加工工艺的实际情况制定有针对性的安全操作规程。

⑤设备公司未在有较大危险因素的生产经营场所、设施上悬挂明显的安全标志。

（4）事故教训和相关知识

在这起事故中，水处理设备罐内部没有良好的通风设施，造成可燃气体积聚，浓度达到爆炸极限。罐内刷胶酱作业时使用的行灯未满足爆炸危险场所的防爆要求（低压、防爆），在作业过程中极易产生电气火花（行灯灯泡破损或铁质外罩与铁罐壁接触易产生火花），且喷砂工王某未穿戴符合国家标准或行业标准的防静电服，在作业过程中极易产生静电火花。几个因素凑在一起，结果导致事故。因此，这起事故被认定是一起由于作业场所无安全设施，设备不符合安全要求，作业人员安全意识淡薄而导致的生产安全事故。

在几个引发事故的因素中，水处理设备罐内部没有良好的通风设施，应该是引发事故的最主要因素。水处理设备罐属于有限空间。有限空间是指封闭或部分封闭，进出口较为狭窄，未被设计为固定工作场所，自然通风不良，易造成有毒有害、易燃易爆物质积聚或氧含量不足的空间。有限空间作业是指作业人员进入有限空间实施的作业活动。

进行有限空间作业的安全技术要求主要如下：一是生产经营单位应严格执行"先检测、后作业"的原则。检测指标包括氧浓度值、易燃易爆物质（可燃性气体、爆炸性粉尘）浓度值、有毒气体浓度值等。二是实施有限空间作业前，生产经营单位应根据检测结果对作业环境危害状况进行评估，制定消除、控制危害的措施，确保整个作业期间处于安全受控状态。三是生产经营单位实施有限空间作业前和作业过程中，可采取强制性持续通风措施降低危险性，保持空气流通。严禁用纯氧进行通风换气。四是生产经营单位应为作业人员配备符合国家标准要求的通风设备、检测设备、照明设备、通信设备、应急救援设备和劳动防护用品。当有限空间存在可燃性气体和爆炸性粉尘时，检测、照明、通信设备应符合防爆要求，作业人员应使用防爆工具，配备可燃气体报警仪等。

38. 锅炉选型不正确瞬时超压引起爆炸

2015 年 12 月 16 日 12 时左右，河北省承德市某酒业有限公司（本案例中简称酒业公司）发生一起锅炉爆炸事故，造成 2 人死亡、3 人受伤，直接经济损失 300 余万元。

（1）事故相关情况

酒业公司位于承德市双滦区双塔山镇厂沟门村，公司营业执照、全国工业产品生产许可证均在有效期内。公司主要生产灌装酒。

该公司生产流程为锅炉烧水产生蒸汽，蒸汽输入蒸罐，将蒸馏中已发酵成的乙醇蒸为气态，带入冷却器，经冷却液化为液态乙醇。该公司主要生产设备有锅炉、反冲机、清洗机、生产线、过滤机、储罐等。生产工艺中涉及的锅炉，每年使用时间约为2个月，运行时每天要补水3次，设备运转时补水靠人工观察液位计液面水位操作，一般在开启阀门放出第一次蒸汽后观察不到液位或剩40 mm左右时补水。锅炉运行压力一般在0.3~0.4 MPa，事故当天调酒师看到锅炉压力为0.4~0.5 MPa，对锅炉工作业进行了纠正。

（2）事故发生经过

2015年12月16日7时，酒业公司厂长陈某某安排调酒师玄某某在酒厂组织临时工王某、肖某某、陈某、曹某某、朱某某5人进行生产作业，计划蒸两锅酒和一锅渣子。8时，玄某某离开。12时左右，两锅酒已蒸完，王某在锅炉房，肖某某、陈某、曹某某、朱某某4人正在向蒸锅中装渣子、摊酒糟，这时锅炉突然发生爆炸。

爆炸造成锅炉房损毁，附带隔壁房间坍塌，飞溅物撞击距事故发生地西侧20 m左右民房，撞出2个0.3 m²的破洞，锅炉炉胆体位移至锅炉安装点东5 m处，炉壳坠至锅炉安装点东11 m处。爆炸发生时，王某正在锅炉房烧锅炉，其余4人在隔壁操作。事故造成王某当场死亡，肖某某、陈某、曹某某、朱某某4人受伤。

事故发生后，现场人员立刻打电话叫救护车。12时30分左右，救护车赶到，4名伤者被送往医院抢救，伤者肖某某在抢救过程中死亡。

（3）事故原因分析

1）直接原因。锅炉工在水位低于最低安全补水位的情况下，向锅炉加冷水，导致锅炉产生大量蒸汽，瞬时超压引起爆炸，造成人员伤亡。

2）间接原因。

①酒业公司未依法建立各项安全生产规章制度和操作规程。

②酒业公司安全管理人员安全管理意识淡薄，缺乏基本的设备安全管理知识和技能，对于本企业员工安全管理不到位。

③酒业公司未按生产许可证批准的生产工艺进行生产作业。

④酒业公司设备管理不到位，锅炉选型不正确。发生事故的锅炉属于常压汽水两用锅炉，不能用于承压锅炉造汽使用。酒业公司未建立锅炉的操作管理制度，锅炉工未经过培训，不按锅炉额定设计参数和安全技术规定操作，锅炉超压运行常态化。锅炉压力表量程为 0~1.6 MPa，安全阀整定压力为 0.3~0.4 MPa，均远远大于锅炉额定运行压力值，无法起到保护作用。

（4）事故教训和相关知识

锅炉按蒸汽压力大小，可以分为低压锅炉、中压锅炉、高压锅炉、超高压锅炉等。锅炉在通常的情况下，都是在高温和受压的状态下运行。正是由于压力的作用，锅炉一旦发生爆炸事故，破坏性极大。因为当受压部件遭到破坏，汽水混合物（带有一定的温度、压力）在一瞬间因压力突然降低，体积成千倍地膨胀，几乎全部冲出炉外。汽水混合物冲击力的作用能够将锅炉抛出几十米甚至数百米，同时气浪的冲击波还能摧毁和震坏建筑物，造成严重的破坏和伤亡。导致锅炉爆炸的原因很多，主要有锅炉缺水、水垢过多、压力过大等，还有人员操作上的失误。

在这起锅炉爆炸事故中，需要关注的是事故企业锅炉选型不正确。针对事故暴露出来的问题，事故企业要强化设备管理，合理选择锅炉型号，配备合格的仪表、安全保护装置，定期检测检验，做到设备完好、保护装置动作可靠；明确企业设备管理人员，并保证管理人员具备相应的管理知识和技术能力；切实加强对锅炉操作现场安全、技术管理工作，严格按设备技术参数使用锅炉。同时要加强人员的安全教育培训，严格执行全员安全培训制度，建立、健全各类培训档案，强化各类事故警示教育，提高操作人员技能，减少事故发生。

39. 存在焊接缺陷的单冻机回气集管管帽脱落氨泄漏

2013 年 8 月 31 日 10 时 50 分左右，位于上海市宝山城市工业园区内的上海某冷藏实业有限公司（本案例中简称实业公司）发生氨泄漏事故，造成 15 人死亡、7 人重伤、18 人轻伤。

（1）事故相关情况

实业公司成立于 2006 年 10 月 26 日，经营范围：生产冷冻水产品，仓储，货运代理，储运冷冻（冷藏）食品等。

2007 年 4 月 20 日，通过邀请招标，上海某建设（集团）有限公司（本案例中简称建设公司）中标实业公司冷库工程项目。该项目主体建筑为地上 7 层的框架结构，冷库及加工车间按丙类建筑设计。底层主要布局如下：北侧预留水产精深加工车间，中部为氨压缩机房、水泵房、冷库、包装区域以及穿堂，南侧为水产加工整理车间，西南侧为单冻机（板式速冻装置）生产线。第二层至第七层均为冷库。主体建筑北侧为绿化带及宽 12 m 的道路，西侧及南侧为绿化带及宽 4 m 的道路，东侧为主通道及装（卸）货场，四周道路均可环通。

2010 年 5 月，实业公司在厂区南侧加盖 4 层建筑。2012 年 3 月，实业公司招用自然人陈某某等组织施工，将原设计的单冻机生产线及其相关设备设施、包装区域等移入西侧违法构筑物内，其中单冻机生产线由 2 组单冻机沿南北向摆放，拆分包作业台位于 2 组单冻机之间。

（2）事故发生经过

2013年8月31日8时左右，实业公司员工陆续进入加工车间作业。至10时40分，约24人在单冻机生产线区域作业，38人在水产加工整理车间作业。约10时45分，氨压缩机房操作工潘某某在氨调节站进行热氨融霜作业。10时48分20秒起，单冻机生产线区域内的监控录像显示现场陆续发生约7次轻微震动，单次震动持续时间1~6 s。10时50分15秒，正在进行融霜作业的单冻机回气集管北端管帽脱落，导致氨泄漏。

事故发生后，实业公司员工立即拨打"119""120"电话，同时展开自救互救。10时51分，苏某某等5名员工先后从事发区域撤离；在单冻机生产线区域北侧的员工仲某某，经包装区域翻窗撤离，打开事发区北门，协助救出3名伤者。同时，厂区其他员工也向事故区域喷水稀释开展救援。市和区消防、公安、安全监管、质量技监、环保等部门赶至现场后，立即展开现场处置和人员搜救工作，采取喷水稀释、破拆部分构筑物、加强空气流通等措施，同时安排专人进行大气监测。

该起事故造成15人死亡、7人重伤、18人轻伤，直接经济损失约2 510万元。

（3）事故原因分析

1）直接原因。严重违规采用热氨融霜方式，导致发生液锤现象（在有压管道中，液体流速发生急剧变化所引起的压强大幅度波动的现象），压力瞬间升高，致使存有严重焊接缺陷的单冻机回气集管管帽脱落，造成氨泄漏。

2）间接原因。

①实业公司违规设计、违规施工和违规生产。在主体建筑的南、西、北侧，建设违法构筑物，并将设备设施移至西侧构筑物内组织

生产。

②实业公司主体建筑竣工验收后，擅自改变功能布局。将原单冻机生产线区域、预留的水产精深加工区域及部分水产加工整理车间改为冷库等。

③实业公司水融霜设备缺失，无法按规程进行水融霜作业；无单冻机热氨融霜的操作规程，违规进行热氨融霜。

④实业公司氨调节站布局不合理。操作人员在控制阀门进行热氨融霜时，无法同时对融霜的关键计量设备进行监测。

⑤实业公司在氨制冷设备及其管道附近，设置加工车间组织生产。

⑥实业公司安全生产责任制、安全生产规章制度及安全操作规程不健全，未按有关法规和国家标准对重大危险源进行辨识，未设置安全标志和配备必要的应急救援设备。

⑦实业公司管理人员及特种作业人员未取证上岗，未对员工进行有针对性的安全教育和培训。

⑧实业公司擅自安排临时用工，未对临时招用的工人进行"三级安全教育"，未告知作业场所存在的危险因素。

（4）事故教训和相关知识

在事故发生前的 2009 年 5 月，实业公司开始改建主体建筑内原设计的加工车间，将原单冻机生产线区域进行了调整，并从原有 1 台单冻机增加到 2 台单冻机。2010 年 5 月，实业公司又增加了 1 台单冻机，并开始改造加工车间。2011 年 7 月，原单冻机生产线区域、部分水产加工整理车间以及预留的水产精深加工车间均在未审批报备的情况下，被改建为冷库。

发生事故时，实业公司使用的氨制冷系统主要由制冷机房、冷库、冻结间、加工车间冷却冷冻生产线等使用的制冷设备及其制冷系统管系组成。制冷机房的制冷设备主要包括氨螺杆式压缩机组 9 台、蒸发式冷凝器 2 台、高压贮氨器 3 台、立式低压循环桶 7 台和卧式排液桶 1 台。冷库、冻结间、加工车间冷却冷冻生产线的制冷设备主要包括冷藏库蒸发器、冻结间搁架管、单冻机 2 组（共 3 台）、片冰机 1 台和工艺冷水箱 1 台。

在这起事故中，涉及作业人员进行热氨融霜作业。

单冻机由设于其内的冷风机制冷，单冻机制冷所需的液氨源自低压循环桶（制冷机房内），液氨经热交换后再由回气集管回至低压循环桶，使单冻机降温。单冻机运行一段时间后，蒸发器表面会结霜，影响传热效果，为此需要进行融霜操作。融霜方式一般分为自然融霜、水融霜和热氨融霜等。实业公司原单冻机系统设计采用水融霜方式，2012 年 3 月改建后，未设置水融霜装置，违规采用了热氨融霜方式。

事故之后，调查组经过现场勘查及鉴定分析，确定以下情况：

1）作业人员热氨融霜作业时，本应严格按照技术操作规程要求，排除蒸发器内的液氨。但本起事故中，管道内留有一定量的液氨，热氨充入初期，留有的液氨发生急剧汽化和相变引起液锤现象，应力集中于回气集管末端，管帽焊缝处的应力快速升高。

2）管帽与回气集管焊接接头存在严重焊接缺陷，导致严重的应力集中，在压力波动过大或者压力瞬间升高时极易产生低应力脆断。

3）低碳钢在常温时具有较高韧性和较强抵抗断裂的能力，但在低温时则表现出极低的韧性，受冲击极易产生脆性开裂。事发管帽焊缝处的断裂呈现完全脆性断裂，说明开裂时管道处于低温状态。低温脆性再与焊接缺陷处的应力集中相叠加，更易产生脆性断裂。

综上分析，热氨融霜违规操作和管帽连接焊缝存在严重焊接缺陷，导致焊接接头的低温低应力脆性断裂，致使回气集管管帽脱落，造成氨泄漏。

这起事故造成重大人员伤亡，事故企业应吸取教训，切实落实企业安全生产主体责任，抓好安全生产工作，坚决执行安全生产和建筑施工、质量管理等方面的法律、法规；建立、健全并严格执行各项规章制度和安全操作规程，尤其要针对氨的危害性制定相应的安全技术规程；健全安全生产责任体系，明确各岗位的安全生产职责，严格安全生产绩效考核和责任追究制度；加强教育培训，提高员工的安全意识和操作技能；严格特种作业人员管理，杜绝无证上岗；全面彻底排查和治理事故隐患；加强应急管理，尤其要加强应急预案建设和应急演练，提高事故灾难的应对处置能力。

40. 回转炉改变用途安全措施不够与操作失误引发灼烫

2016 年 4 月 1 日 15 时 40 分，某轻金属有限公司（本案例中简称轻金属公司）16 t 回转炉发生一起铝灰灼烫事故，造成 1 人死亡、1 人重伤。

（1）事故相关情况

轻金属公司经营范围：铝镁矿产品、冶炼产品、加工产品的生产、销售等。

（2）事故发生经过

2016 年 4 月 1 日 8 时，轻金属公司合金厂厂长殷某某、书记于某召开生产晨会，布置安排回转炉炒灰工作，由 5 号线工序负责人刘某某和白班班长吕某共同组织作业。11 时，合金厂厂长殷某某在现场监督，开始利用回转炉对 5 号线的热铝灰渣进行炒灰作业。

11 时 20 分，合金厂书记于某联系临沂某铝业有限公司（本案例中简称铝业公司）2 名在 1 号线的技术工人到回转炉现场指导，刘某某、吕某及员工董某开始利用旋转叉车和三格料斗，分别向回转炉中加入5号线的热铝灰渣和自然冷却铝灰渣，进行炒灰作业。14时左右，铝业公司2名技术工人指导完离开现场。

15时20分，回转炉最后一次倒出铝水后（当天共炒出铝水约5 t），因5号线破碎机发出异响，合金厂厂长殷某某离开回转炉现场到破碎机处查看情况。吕某、董某去了双室炉，刘某某在回转炉西侧操作回转炉。肖某某驾驶叉车将3袋受潮凉铝灰放入装载机铲斗中，随后驾驶装载机将其中的2袋凉铝灰直接投入回转炉中，将装载机退至回转炉炉口前方12.2 m处，站在装载机驾驶室西侧的门口与前来联系用装载机向双室炉加料的王某某交谈。

15时40分，运转中的回转炉突然喷溅出高温热铝灰渣（约700 ℃），造成肖某某被大量热灰渣灼烫，倒在装载机西侧6 m处。王某某受到灼烫，工作服着火，自行跑出事故现场后，厂长殷某某及时帮助他扑灭身上的明火，并迅速将他送往医院救治。轻金属公司立即启动应急预案，总经理邬某组织人拨打"119"和"120"请求外部救援，"120"到现场后经检查确认肖某某已死亡。

（3）事故原因分析

1）直接原因。

①轻金属公司热铝灰渣中镁含量较高，在炒灰过程中起到助燃作用，极易生成氧化铝，因此，在炒灰过程及炒灰结束后需要加凉铝灰降温。肖某某向回转炉加入2袋（每袋1 t）受潮的凉铝灰（经测算含水量共计约63.1 kg），接触到约700 ℃的高温，凉铝灰中的水分迅速汽化，体积瞬间膨胀，在容积26 m³ 的回转炉内产生的瞬间压力使大量热灰渣从回转炉炉口喷出。所以，加入受潮的凉铝灰是事故发生的直接原因之一。

②16 t回转炉原来用作熔炼炉，改为热铝灰渣炒灰用途后，拆除

了炉盖及加热器，但是对工艺中可能存在的灼烫、爆炸、喷溅等危险因素，未采取有效的安全防护措施，是事故发生的直接原因之一。

2）间接原因。

①轻金属公司热铝灰炒灰工艺不成熟，设计存在缺陷。轻金属公司去铝业公司观摩学习炒灰方法，只是学习经验做法，未根据工艺特点分析潜在的危险因素，未制定具体有效的安全操作规程，对炒灰的温度控制、添加凉铝灰的数量、受潮凉铝灰的辨别等未作出具体规定；在工艺及安全操作规程不成熟的情况下，开展项目建设并投入生产，生产第一天即发生事故。

②轻金属公司对回转炉炒灰工艺学习掌握不熟练，对员工教育培训不到位，员工炒灰作业技能不足。

③轻金属公司合金厂5号生产线未建立组织管理体系，岗位职责及分工不明确、具体，作业管理混乱。

④轻金属公司开展生产安全事故隐患排查不细致、不到位，未发现和消除导致事故发生的多项事故隐患。

（4）事故教训和相关知识

轻金属公司使用16 t回转炉进行热铝灰渣炒灰，有一个逐渐变化的过程。

该公司用于炒灰作业的16 t回转炉，最初安装于合金一车间1号生产线，主要用于高铁及铝渣块的熔炼生产。因生产经营形势及产量不足等原因，16 t回转炉一直处于停用状态。2015年4月，轻金属公司将闲置的1号铝合金锭生产线交由铝业公司租赁经营，铝业公司以贴牌生产方式与轻金属公司进行合作。合作过程中，轻金属公司了解到铝业公司及其他规模较大的再生铝企业均通过利用回转炉炒灰作业的方式二次提炼铝灰渣中残留的铝，以提高铝回收率。针对5号线双室炉处理的废铝原料熔炼后灰渣量多等的特点，轻金属公司于2016

年 3 月 15 日将 1 号线的回转炉搬迁至 5 号线所在的合金二车间，用于双室炉铝灰渣炒灰作业。搬迁后，回转炉设备基础养护期到 3 月底才具备投产条件。3 月 31 日 8 时，合金厂（负责一、二车间的日常生产工作）开始对回转炉进行烘炉。

为了学习炒灰作业技术，轻金属公司于 2015 年 5 月 18—20 日安排合金厂 5 名员工（合金厂厂长殷某某、刘某某、王某某等）到铝业公司观摩学习，了解回转炉炒灰作业的相关流程及工艺。2015 年 6 月 12—13 日，轻金属公司组织 5 名外出学习员工及叉车工、装载机驾驶员等人员（事故中死亡的肖某某未参加），在 1 号线对 16 t 回转炉进行炒灰作业试验，共进行了 2 次完整的炒灰作业流程。试验时，轻金属公司邀请了铝业公司 2 名技术工人亲自示范并指导，合金厂参与人员进行了实操作业。试验中，操作人员将 3 号铝合金锭生产线扒出的热铝灰渣和 5 号线的凉铝灰渣，加入回转炉，进行炒灰作业，并最后加入冷铝灰进行降温。试验达到了预期效果，热铝灰渣的铝回收率达到了 90% 以上。

从事故的全过程来看，轻金属公司对于炒灰作业还是十分谨慎的，但由于人员操作失误和未采取有效的安全防护措施，最后还是引发事故。预防事故的发生，要做好风险管控工作。风险管控是长期实践积累下来的经验总结，它的基本特点是强调事前预防，通过危害辨识、风险评估，找出企业可能存在的导致事故的危害因素，评估出现事故后果的风险，并进行全面的有效管控，是一种主动的预防和控制方式。风险管控有以下 4 个原则：一是找出风险点、管控方向；二是找到风险管控的途径，从事故发生的不同阶段（发生前、发生过程中、发生后）综合考虑风险管控的工作思路、管控方法与手段，保证管控的充分性；三是系统性原则，从人员管理、制度完善、现场环境改善等方面开展；四是强调"全员参与"，通过"全员参与"，强化责任制和安全意识。总之，安全生产就是要将风险管控变成一个常态的工作，通过应用有效的风险管控方法，及时发现和消除隐患，保障安全生产。

 41. 擅自在设备安装踏板人员违章操作被物体挤压致死

2013 年 3 月 5 日 8 时 30 分左右，河北省衡水市某工程橡胶有限公司（本案例中简称橡胶公司）铸造"V"法车间，发生一起物体挤压伤害事故，造成 1 人死亡，直接经济损失 55 万元。

（1）事故相关情况

橡胶公司成立于 2009 年 2 月，经营范围：橡胶止水带、橡胶支座、盆式支座、伸缩装置生产、销售、安装、研发及金属构件制造和安装等。

（2）事故发生经过

2013 年 3 月 5 日 4 时 30 分左右，在橡胶公司"V"法车间生产中，员工左某某和高某某 2 人覆背膜，高某某在造型小车前进方向的左侧，左某某在右侧，用手把背膜覆盖到砂箱上，准备进入第 9 道工序。当时按钮操作工为宋某某，张某某在左侧清理现场卫生，张某和宋某某在一处，等待造型小车前进至砂仓位加砂压背膜。

就在作业过程中，左某某可能发现背膜有未盖好的地方，没打招呼就突然蹿上造型小车南侧踏板（该踏板是为喷涂料方便焊上去的），高某某发现后对宋某某喊了一声"别走"，在喊声中造型小车已经启动。张某发现小车上有人，迅速拍下了"急停"按钮。但为时已晚，左某某已被造型小车载着从烘干罩处挤了过去，当时趴到砂箱上。

事故发生后，车间主任高某闻讯跑过来，迅速给公司值班领导

（生产副总）王某某打电话通报情况，并拨打了"120"急救电话。大约 40 min 后救护车到厂，将左某某送往医院抢救，2 h 后左某某经抢救无效死亡。

（3）事故原因分析

1）直接原因。员工安全意识淡薄，违章操作；公司擅自在生产设备上安装踏板，是造成这次事故的直接原因。

2）间接原因。

①安全管理人员安全意识不到位，对员工的安全教育不到位，隐患排查治理不细致，落实相关操作规程不严格。

②劳动时间过长，疲劳作业，人员精力不集中。

③公司招聘过程中把关不严，招录的人员性格有缺陷，孤僻而不爱与人交流。

（4）事故教训和相关知识

这起事故的发生来自两个方面的因素：一是作业人员安全意识淡薄，几个人共同作业，发现作业存在瑕疵后不打招呼，违章蹬上造型小车南侧踏板；二是公司擅自在生产设备上安装踏板，为人员蹬上造型小车创造了条件。

事故之后，该公司从技术措施和安全教育两个方面积极行动，治理隐患，预防此类事故再次发生。在技术措施上，一是去掉造型小车前方的踏板，任何时候都不得站到运行中的造型小车前操作。二是在"V"法线操作台上增加电铃按钮，在启动设备前操作人员必须发出声响信号，并把该规定写入操作规程，列入"三违"检查项目。在安全教育上，组织全体员工培训，系统学习本岗位操作规程，讨论日常工作中存在的不安全因素，查找事故隐患。人力资源部则把好用人关口，不适应岗位要求的人员不得录用。此外，还应调整作业时间，防止人员疲劳作业。

通过对生产企业所发生的大量事故资料进行统计分析，98%的事故发生在生产班组，其中80%以上事故的原因直接与班组人员有关。安全生产是企业诸多工作的综合反映，是一项复杂的系统工程，不能只依靠领导的积极性和热情，也不能只依靠部分员工的积极性和热情，因为个别员工、个别工作环节上的缺陷和失误，就会破坏安全生产保障系统。由此可以说，班组是企业事故发生的根源，这种根源是通过班组员工的安全素质、岗位安全作业程序和现场的安全状态表现出来的。因此，安全文化建设的重心必须放在班组，功夫下在生产作业现场，措施落实在岗位和员工的每一个作业细节。通过班组安全文化建设，夯实安全生产基础，遏制事故发生的源头，这是企业安全生产保障的根本，也是安全管理重心下移的具体体现。

42. 烘干设备炉膛内加装钢管形成盲管受热汽化爆炸

2009年3月8日19时55分，四川省彭山县彭溪镇某贸易有限责任公司（本案例中简称贸易公司）发生爆炸事故，导致3人死亡、5人受伤。

（1）事故相关情况

贸易公司于2002年注册登记成立，主要从事饲料原料加工、销售。

（2）事故发生经过

2009年3月4日，贸易公司停产检修。3月8日，加工饲料用普通烘干设备在完成检修后，于16时点火运行。19时55分，炉膛内废弃的钢管（2008年贸易公司自行在饲料烘干炉炉膛内安装3根钢管，利用炉膛热量加热热水供员工洗澡，由于使用效果不佳，一直处于停用状态，钢管也长期废弃置于炉膛内）发生爆炸，造成炉墙破坏、崩散，部分厂房垮塌，3 人在事故中死亡，另有 5 名工人受伤。

（3）事故原因分析

1）直接原因。贸易公司在饲料烘干设备炉膛内自行加装钢管，将其封闭在炉膛内。该公司对烘干设备检修后，炉桥间隔调宽，废弃钢管外侧积灰除尽，炉膛燃烧速度提高。由于钢管进水阀关闭，出水管被水垢或木塞堵塞，形成盲管。盲管内残留水受热汽化，使管内压力升高。热应力超过材料强度极限后发生物理爆炸。巨大的爆炸能量冲垮炉墙，造成正在烘干设备附近的 3 人死亡。

2）间接原因。

①贸易公司在未取得饲料生产企业审查合格证的情况下违法生产，安全管理制度不健全，安全责任不落实。

②贸易公司未能按照安全生产法律、法规的要求，严格落实企业安全生产主体责任，进一步完善企业安全生产条件。

③贸易公司对员工未能组织实施安全教育和培训，对自查发现的各类安全管理问题和事故隐患未能进行全面整改和消除。

（4）事故教训和相关知识

这起事故的发生，与事故发生前没有发现炉膛内自行加装的钢管所存在的危险有关。以前由于用钢管加热的热水洗澡，钢管内的水处于流动状态，危险性比较小。废弃不用之后，钢管的进水阀门关闭，出水口被水垢或木塞堵塞，形成盲管。盲管内残留水受热汽化，使管内压力升高，直至发生爆炸。

冶金企业、有色金属企业、机械加工企业一直推行危害识别活动，这种活动主要在班组中实施，也是企业安全管理的基础工作之一。危害识别活动的主要内容，是运用所学到的安全知识，辨识出生产作业中的危险与危害、岗位中所存在的危险与危害，以便采取有效的控制和防范措施，从而避免事故发生。就这起事故而言，在饲料烘干设备炉膛内加装钢管，如果钢管内的水处于流动状态并不危险；如果钢管内有水并处于封闭状态，那么加热之后就成为"压力容器"，压力容器总有极限，超过极限就会发生爆炸。应当说，这样的辨识并不复杂，也不高深，只要运用所学到的安全知识就能发现危险与危害，关键是企业要重视安全。

43. 工艺落后设备陈旧缺乏报警系统发生煤气泄漏

2008 年 12 月 24 日 9 时左右，河北省遵化市某钢铁有限公司（本案例中简称钢铁公司）2 号高炉重力除尘器泄爆板发生崩裂，导致 44 人煤气中毒，其中 17 人死亡、27 人受伤。

（1）事故相关情况

钢铁公司是合资成立的民营钢铁联合加工企业，下设焦化厂、炼铁厂、炼钢厂、轧钢厂及采矿厂、选矿厂等 15 个生产单位。

（2）事故发生经过

据了解，事故发生前 4 个班的作业日志表明，炉顶温度波动较大（最高 610 ℃，最低 109 ℃），炉顶压力维持在 54~68 kPa。24 日凌晨，该炉曾多次发生滑尺（轻微崩料）。至事故发生时，炉内发生严重崩料，带有冰雪的料柱与炉缸高温燃气团产生较强的化学反应，气流反冲，沿下降管进入除尘器内，造成除尘器内瞬时超压，导致泄爆板破裂，大量煤气溢出（煤气浓度为 45%~60%）。因除尘器位于高炉炉前平台北侧，此时风向向北，大量煤气扩散至高炉作业区域，且作业区没有安装煤气监测报警系统，导致正在高炉平台作业的人员煤气中毒。由于没有采取有效的救援措施，当班的其他作业人员贸然进入此区域进行施救，造成事故后果进一步扩大。

事故造成 44 人煤气中毒，其中 17 人死亡、27 人受伤。

（3）事故原因分析

1）直接原因。在高炉工况较差的情况下，作业人员加入了含有冰雪的落地料，导致崩料时出现爆燃，除尘器瞬时超压，泄爆板破裂，造成大量煤气泄漏。

2）间接原因。

①生产工艺落后，设备陈旧，作业现场缺乏必要的煤气监测报警系统，没有及时发现煤气泄漏，盲目施救导致事故扩大。

②隐患排查治理不认真。事故发生前，炉顶温度波动已经较大，多次出现滑尺现象，但没有进行有效治理，仍然进行生产，导致事故发生。

（4）事故教训和相关知识

在这起事故中，作业人员在炉顶温度波动较大、多次发生滑尺的情况下，又加入含有冰雪的落地料，导致崩料时出现爆燃，除尘器瞬时超压，泄爆板破裂，致使大量煤气泄漏。煤气泄漏之后扩散至高炉作业区域，而作业区又恰巧没有安装煤气监测报警系统，导致大量人员中毒。

冶金行业与其他行业相比较，由于企业规模大、人员众多、生产过程复杂，因而安全管理难度较大，易发生重大人员伤亡事故。在冶金生产过程中还涉及煤气，煤气的特性是易燃、易爆、易中毒，因此，人员中毒、着火、爆炸通常被称为煤气三大事故。

对于煤气事故的预防，需要注意以下事项：

1）经常检查煤气设备的严密性，防止煤气泄漏。在煤气设备容易泄漏的部分，应设置监测报警装置，发现泄漏要及时处理。发现设备冒出煤气或带煤气作业，要佩戴防毒面具。

2）新建或大修后的设备，要进行强度及严密性试验，合格后方可投产。

3）进入煤气设备内作业时，要进行检测检查，当氧含量不足、煤气含量超过标准时，不要贸然进入。

4）要可靠地切断煤气来源，如堵盲板、设水封等，盲板要经过试验，水封阀门不能作为单独的切断装置。煤气系统中水封要保持一定的高度，生产中要经常溢流。

5）在煤气设备内清扫检修时，必须将残存煤气处理完毕，经试验合格后方可进行。对煤气区域的工作场所，要经常进行空气中一氧化碳含量分析，如超过国家规定的卫生标准时，要检查并分析原因后进行处理。

6）煤气区域应挂有"煤气区域危险""严禁单人作业""严禁停留"等警示标志和警告标志。

对事故企业来讲，要认真吸取事故教训，制定、完善重点部位和关键工艺环节的应急救援预案，并定期组织演练，配足劳动防护用品，提高应对各类事故的能力；进一步做好危险源辨识工作，加强对煤气管网、煤气柜、制氧站等危险源（点）的监控，特别要加强对在用时间长、即将报废又对安全生产影响较大的重要设备、关键设施的检修维护工作，提出防范措施并加强监督检查，防范同类事故再次发生。

44. 设备未设置煤气低压报警及联锁装置致人员中毒

2017 年 8 月 3 日凌晨，湖北省鄂州市某钢铁有限公司（本案例中简称钢铁公司）气烧石灰窑项目发生高炉煤气中毒事故，造成作业人员 3 人死亡、6 人受伤，直接经济损失 291.23 万元。

（1）事故相关情况

钢铁公司是一所新建民营钢铁企业，拥有 380 m³ 炼铁高炉 1 座、

$32 \ m^2$ 环型烧结机 2 台，年生产生铁能力可达 50 万 t。

（2）事故发生经过

2017 年 8 月 2 日 17 时左右，钢铁公司在生产过程中，某钙业公司（承租单位，本案例中简称钙业公司）1 名员工打开通往气烧石灰窑煤气主管道上的高炉煤气眼镜阀。19 时 49 分左右，该员工打开气烧石灰窑烧嘴前的煤气调节总阀，此时，围管煤气压力为 4.18 kPa。20 时 9 分左右，围管煤气压力上升至 8.63 kPa，3 名员工上到气烧石灰窑窑顶，点燃淋过柴油的棉絮从窑顶上料口丢入作为引火源。随后，1 名员工打开气烧石灰窑第一组烧嘴，围管煤气压力在 7.17 kPa 与 8.91 kPa 之间波动。21 时 9 分左右，该员工又打开第二组烧嘴，围管煤气压力显示为 4.97 kPa，其后，围管煤气压力在 3.60 kPa 与 4.97 kPa 之间波动。23 时 39 分左右，1 名员工打开第三组烧嘴，围管煤气压力显示为 3.23 kPa。23 时 49 分，围管煤气压力降至 2.90 kPa，不足以维持稳定燃烧，火焰逐渐熄灭，高炉煤气继续从煤气烧嘴喷出。此时，窑内温度为 265~609 ℃，达不到复燃点，无法复燃，煤气从底部出料口持续外泄，导致石灰窑周边 5 m 内 3 人煤气中毒死亡；煤气逐步扩散蔓延至高炉上料休息室区域，致使 6 人煤气中毒。

（3）事故原因分析

1）直接原因。事故企业违规使用高炉煤气点火生产，在气烧石灰窑煤气低压报警及联锁等安全设备设施缺失的情况下，烘窑操作不当，窑内煤气在燃烧过程中异常熄灭且无法复燃，煤气从石灰窑下部出料口持续外泄，操作人员在无个人防护、无报警监测仪器的状态下盲目靠近石灰窑，导致事故发生。

2）间接原因。

①钢铁公司石灰窑项目建设未履行"三同时"手续；不按行业

标准设置石灰窑煤气低压报警及联锁装置、一氧化碳报警器等安全设施设备，在不具备安全生产条件的情况下违法生产经营。

②钢铁公司组织本公司员工和承租单位员工开展高炉煤气安全教育培训不到位，员工高炉煤气作业知识匮乏。

③钢铁公司在被环保部门作出责令停产整治的行政处罚后，未经环保部门批复非法恢复生产。

④钙业公司作为事故项目的承租方和生产经营方，未认真履行安全生产主体责任，对石灰窑系统缺乏重要安全设施设备的情况熟视无睹；未制定石灰窑安全操作规程，生产操作无章可循；组织员工开展煤气作业安全教育培训不到位，员工未掌握石灰窑操作技能和应急处置措施，违规操作、冒险作业。

（4）事故教训和相关知识

事故之后，经调查分析，确认导致事故发生的因素主要如下：一是员工操作不当，烘炉燃料不足，窑内火焰异常熄灭且无法复燃，导致煤气持续外泄。二是气烧石灰窑安全设备设施缺失，存在事故隐患。未设置煤气低压报警及联锁装置，未设置一氧化碳报警器，作业区域无照明。三是安全防范措施不落实，安全管理缺失。

在这起事故中，首先，钙业公司作为事故气烧石灰窑承租单位，在未制定气烧石灰窑生产专项方案，没有明确作业前的准备工作，没有制定煤气点火生产的操作步骤，未配备便携式一氧化碳报警器以及劳动防护用品，未制定应急处置方案等措施的情况下违规点火操作；该企业员工未经专业人员联系确认，在现场无专职人员安全监护的情况下，擅自打开通往气烧石灰窑的高炉煤气管道眼镜阀供气。其次，钢铁公司作为事故气烧石灰窑的产权单位，以包代管，对钙业公司日常安全监管缺失。违反相关规定，未在煤气危险区域的关键部分（如热风炉平台、气烧石灰窑烧嘴平台）设置警示标志和一氧化碳报警器；未对固定式一氧化碳报警器（如高炉操作室、热风炉操作室一氧化碳报警器）进行定期保养和校检；煤气危险作业（如操作眼镜阀）时，无安全防护人员在场监护。

对这起事故，相关企业要认真吸取事故教训，严格履行安全生产主体责任，推进全领域、全方位、全过程的安全检查，及时消除事故隐患。要依法依规组织生产经营活动，根据需要设置相应的安全联锁装置，按要求安装报警装置，加强安全防护和劳动保护，加大安全培训力度，严格执行操作规程，确保人员安全，防止事故发生。

45. 关键生产设备预防检测不够设备维护不到位发生爆燃

2013 年 6 月 23 日，位于上海市浦东新区的上海某丙烯酸有限公司（本案例中简称丙烯酸公司）丙二车间 U3100 单元的 R3102 氧化反应器（本案例中简称反应器）发生爆燃并引发火灾。

（1）事故相关情况

丙烯酸公司成立于 1993 年 9 月 2 日，经营范围：丙烯酸、丙烯酸甲酯、丙烯酸乙酯、丙烯酸丁酯、丙烯酸辛酯、2-乙基己酯及丙烯酸酯系列产品及深加工产品、化工原料、辅料、化工催化剂、助剂的加工制造及其专业领域内的技术开发等。

发生事故的装置为丙二车间 U3100 单元。2004 年 6 月，事故装置投入使用。2013 年 6 月 5 日，丙烯酸公司按计划对事故装置停车大修。检修主要工作是更换 R3101 反应器催化剂以及机泵、设备的年度计划检修，共计项目 207 项，6 月 21 日完成所有项目检修并验收合格交付生产。R3102 反应器催化剂未安排更换，也未安排检维修。

（2）事故发生经过

2013 年 6 月 21 日 8 时 45 分，丙烯酸公司丙二车间按开车方案，逐步完成了系统气密测试、原辅物料准备等开车前准备工作；22 时，开始注入热空气升温。

6 月 22 日 16 时，热媒盐开始升温；18 时，完成各项热紧固工作。6 月 23 日 9 时 5 分，完成"U3100 单元开车确认表"全部 18 项开车条件确认；9 时 8 分，投料开车，按照《U3100 一反催化剂升负荷方案》逐步提升负荷；10 时 30 分，负荷升至 30%。

10 时 35 分，操作人员发现 R3102 反应器 TI31058 测温点温度异常上升，便按照操作要求进行调整操作，将 R3102 反应器温度下调。10 时 45 分，现场发现 R3102 反应器上部冒黄烟。

10 时 47 分，操作人员采取主动手动联锁，将 U3100 单元紧急停车，切断进料，保安氮气进入反应器置换。R3102 反应器熔盐温度得以控制，但 10 时 52 分开始快速上升，10 时 56 分熔盐温度升至 440 ℃，超过仪表量程。11 时左右，R3102 反应器发生第一次闪爆，随后的 10 min 内又发生了 2 次闪爆。爆燃产生的明火引燃了 R3102 反应器下方的 2 个装有阻聚剂的储罐，引发大火。

事故发生后，消防部门接到报警，先后出动 50 余辆消防车前往现场扑救，火势于 12 时 45 分得到有效控制，13 时 50 分被全部扑灭。灭火产生的废水全部收集处理，未对周边水域造成污染。事故未造成人员伤亡。直接经济损失：物料直接损失 6.7 万元，烧毁电缆损失 13.3 万元，钢结构事故损坏约 2.0 万元。

（3）事故原因分析

1）直接原因。泄漏的热熔盐浸润列管和管内的催化剂，与进入反应器的物料产生剧烈的氧化还原反应，并引发熔盐自分解，引发爆燃。

2）间接原因。

①受国内第一次设计制造丙烯酸反应器的技术认识局限，设计时

的工艺条件要求设定较低，反应管设计与制造检验标准要求较低，制造质量要求不高，造成反应器的本质安全度不高。

②由于对反应器的设备老化、使用寿命等关键要素方面缺乏技术数据积累，丙烯酸公司对反应器列管破裂、熔盐发生泄漏后与有机物发生剧烈氧化还原反应的化工工艺认识不足，对可能产生的严重后果缺少科学的预判，未能在事前辨识到反应器存在事故隐患和风险。

③安全检查和设备维护等存在管理漏洞。丙烯酸公司对反应器等风险高的关键生产设备预防检测和评估不够，对长期运行的设备检查和维护等不到位，缺少有效的监测和检查措施，存在管理漏洞。

（4）事故教训和相关知识

事故之后，经现场勘查，丙二车间事发现场 R3102 反应器顶部（封头）被全部掀翻，侧向一边，与反应器筒体完全脱离连接。R3102 反应器筒体基本保持完整，筒体四周（侧壁）有多处孔洞，成韧窝型突破，孔洞边口向外翻卷，塑性变形，孔洞分布于筒体（纵向）中部偏上部位。R3102 反应器顶层管板（分布板）已经破裂，列管碎裂成微小管段或开裂成碎片。催化剂几乎全部因爆炸而喷出，散落于地面。此次引发火灾的 2 个阻聚剂罐与 R3102 反应器距离较近。爆炸对 R3102 反应器周边未产生明显的冲击影响。

事故发生后，事故调查组聘请专家经过调查分析认为，本次爆燃的原因是 R3102 反应器反应列管中上部或与上管板连接处破裂，熔盐从破裂处流入列管，在上管板处铺开，进而浸润了周围的列管和管内的催化剂，投料时泄漏的熔盐与反应物料接触，引发剧烈的氧化还原反应，放出大量热（反应初期因列管内有泄漏的熔盐同时向下流动，带走了部分热量，导致列管内测温点测得的温度与熔盐温度基本相同，没有异常）。当熔盐与物料反应一段时间后，局部热量积聚，进而引发熔盐剧烈的、不可控的自分解反应（此时，测温点开始测得温度异常，但已无法阻止自分解反应），从而导致爆燃直至反应器内部熔融坍塌。爆燃产生的气流在将上管板和封头炸出的同时，产生了镜像反射——爆炸性物质在将管板和封头掀翻的同时，改变了泄压的方向，"反弹"飞向阻聚剂罐方向，导致阻聚剂罐持续受热，引发燃烧。

这起爆燃事故的发生，暴露出丙烯酸公司对反应器工艺安全的分析认识不全面、关键生产设备预防检测和评估不够、设备检查和维护不到位等安全管理问题。为吸取教训，切实做好安全生产工作，提出以下事故防范和整改措施：

1）进一步落实安全管理主体责任。丙烯酸公司要进一步落实企业的安全生产主体责任，要按照"谁主管、谁负责"的安全生产原则和"一岗双责"的要求，层层落实各级安全生产责任制。要按照全面开展安全大检查的要求，全面深入、细致彻底地对本单位安全生产工作进行大检查，认真开展安全风险辨识和隐患排查治理工作。

2）强化工艺安全的管理及变更管理。丙烯酸公司要进一步加强公司生产工艺的安全分析、评估，运用科学方法对现有生产工艺开展系统、全面的安全分析、测试和检验，对关键的工艺设备进行有计划的测试和检验，及早识别工艺设备存在的缺陷，及时进行修复或替换。针对本次事故中发现的反应器工艺缺陷，研究制定可行方案，对现有的工艺、操作规程规范和安全联锁装置等进行有针对性的改进、变更。变更设备、工艺后，要重新组织风险辨识，排查事故隐患，确保本质安全。

3）加强生产设备的维护检修管理。丙烯酸公司要进一步加强生产设备的维护和检修管理工作，建立并实施预防性检维修程序，对长周期运行的关键设备加强管理，完善设备档案和检修规范，制定合理的检修周期，确保关键设备安全可靠。进一步加强自制催化剂的科学使用和管理，对催化剂加大定期检查频次，及时发现生产设备的事故隐患。

4）加强开停车的安全管理。丙烯酸公司要进一步抓好装置开停车等安全生产关键工作。制定完善的开停车方案和开停车应急处置预案，生产装置检修后首次开车生产，主管领导、分管领导应亲自到场指挥，组织相关专业技术人员进行开车条件确认，严格落实开停车各项安全管理措施，及时处理开停车过程中的各种异常情况，确保生产安全。

46. 使用不合格垫片设备运行中密封失效丙烯泄漏引发火灾

2014年8月4日7时55分，甘肃省兰州某石化公司（本案例中简称石化公司）炼油厂年处理30万t气体分馏装置发生丙烯泄漏事故，8时41分，引发火灾。事故直接经济损失56.21万元，未造成人员伤亡。

（1）事故相关情况

石化公司是集炼油、化工、装备制造、工程建设、检维修及矿区服务为一体的大型综合炼化企业，总资产397亿元。

石化公司炼油厂是石化公司的二级单位，属于燃料、润滑油型炼厂，于1958年建成投产，主要生产汽、煤、柴、润滑油基础油及苯类、液化气、石蜡等10大类产品，拥有常减压、重油催化、连续重整—芳烃抽提、延迟焦化等40余套炼油生产装置，原油一次加工能力1 050万t。

发生事故的装置为石化公司炼油厂年处理30万t气体分馏装置，是年产120万t重油催化裂化装置的配套装置。该装置设计年处理量为24万t，于1996年8月投产，2007年11月经过扩改后年处理量达

30 万 t。

发生泄漏的丙烯塔空冷器（E-15/A）由甘肃某石化设备有限责任公司（本案例中简称设备公司）设计、制造。2014 年 2 月，丙烯塔空冷器（E-15/A）东侧板束泄漏，炼油厂催化一联合车间对其加装盲板，从装置系统切除。7 月 9 日，催化一联合车间根据石化公司机动处批准的装置隐患治理计划组织对该设备进行检修。7 月 19 日，检修公司检修人员将丙烯塔空冷器（E-15/A）东侧板束南北两侧管箱打开，设备公司技术人员对泄漏的板片进行封堵焊接。7 月 26 日，检修公司回装管箱，更换两套管箱法兰密封垫片。7 月 28 日，催化一联合车间对系统充氮气进行气密性试验（试验压力为 0.35 MPa）后，空冷器投入系统运行。

（2）事故发生经过

2014 年 8 月 4 日 6 时 58 分，石化公司炼油厂催化一联合车间年处理 30 万 t 气体分馏装置当班内操工朱某某，发现 DCS（分散型控制系统）系统显示丙烯塔Ⅱ（T-6）压力超过日常控制值（1.75 MPa）达到 1.762 MPa，温度超过日常控制值（42 ℃）达到 42.2 ℃，便通知当班外操工段某某打开丙烯塔塔顶回流罐（V-8）复线，并检查空冷风机和管道泵运行是否正常。经检查发现，空冷器水箱液位指示与实际液位存在偏差，水箱水量不足。

7 时 20 分左右，启动 P12 备用泵向水箱补水 3~5 min，使管道泵能够持续喷水冷却，但系统运行参数继续上升。至 7 时 40 分，丙烯塔Ⅱ（T-6）塔顶压力达到 1.987 MPa，超出工艺卡片指标的上限（工艺卡片指标 1.65~1.9 MPa，空冷器设计压力 2.5 MPa，安全阀定压 2.09 MPa），空冷器回流冷后（丙烯）温度达到 48.6 ℃，之后空冷器回流冷后（丙烯）温度和压力逐步下降。

7 时 50 分左右，丙烯塔Ⅱ（T-6）压力和温度恢复正常，随后段某某去检查之前温度较高的 14 号物料泵轴温是否正常。

7 时 55 分，正在装置区巡检的段某某突然听到"砰"的一声，发现丙烯塔空冷器（E-15/A）框架处出现泄漏，大量白色雾状物料迅速蔓延至装置地面，便立即跑回操作室向当班班长张某报告。张某接到报告后，立即将泄漏情况向炼油厂调度室报告，请求支援，并按照应急操作卡和应急预案对装置紧急停车，同时安排当班人员到装置主要路口警戒封路。段某某上至空冷器（E-15/A）框架确认是丙烯塔空冷器（E-15/A）出口管箱区域发生泄漏，立即关闭丙烯塔空冷器（E-15/A）2 个入口阀及丙烯塔Ⅰ（T-5）进料阀。由于泄漏量过大，操作人员无法靠近丙烯塔空冷器（E-15/A）出口阀关闭阀门。朱某某通过 DCS 系统远程依次关闭脱丙烷塔（T-1）、碳四塔（T-2）、脱碳五塔（T-3）、脱乙烷塔（T-4）的进料阀，切断各塔底重沸器热源。段某某打开丙烯塔回流罐（V-8）通向瓦斯系统管网的 194 复线，进行紧急泄压。

8 时 20 分左右，石化公司组织消防队员、装置操作人员准备再次强行关闭丙烯塔空冷器（E-15/A）出口阀，但由于泄漏量过大，还是不能靠近装置，无法关闭出口阀。为确保人员安全，企业立即安排现场人员撤离泄漏区域。

8 时 41 分，泄漏部位突然起火。

9 时，丙烯塔内残余物料通过丙烯、丙烷流程向罐区输送。10 时，现场作业人员打开原料罐（V-3）、脱丙烷塔回流罐（V-4）、脱乙烷塔回流罐（V-7）、脱碳五塔回流罐（V-6）安全阀副线，实施系统泄压。11 时 46 分，装置内物料压力降至 0.017 MPa，现场火势基本得到控制。

12 时 20 分，装置内物料压力降为 0.01 MPa，通过外接氮气将装置内物料排出，泄漏点维持保护性燃烧，火势得到全面控制。

13时，关闭丙烯塔Ⅱ（T-6）塔顶压控阀、下游阀及副线阀，切断空冷入口，接着关闭塔顶回流泵（P-7、P-8）出入口阀。13时40分，现场明火全部被扑灭。15时，关闭丙烯塔回流罐（V-8）入口阀，对丙烯塔空冷器（E-15/A）进行了系统盲板隔绝。

（3）事故原因分析

1）直接原因。丙烯塔空冷器（E-15/A）丙烯出口端东侧管箱法兰连接处使用了质量不合格的密封垫片，在运行过程中密封失效造成丙烯泄漏，泄漏的丙烯高速喷射产生静电，引燃丙烯与空气的混合气体，发生火灾。

2）间接原因。

①设备公司对采购的密封垫片质量控制不严格。在此次检维修过程中，未对采购的密封垫片进行质量检测、验收，产品质量把关不严，导致空冷器使用了不合格的密封垫片。

②石化公司检维修管理不到位。炼油厂催化一联合车间对设备的检维修规定执行不严格，设备管理不到位，空冷器开车前未按照相关规定进行耐压试验，就投入使用。

③石化公司炼油厂未认真执行公司有关设备检修管理规定，对装置投用前安全检查不彻底，在开车过程中，没有按照相关管理的规定，对检修设备的可靠性进行确认。

④石化公司设备管理部门对炼油厂设备管理制度的执行监督不到位。

（4）事故教训和相关知识

在这起事故中，由于使用了质量不合格的密封垫片，设备在运行过程中密封失效造成丙烯泄漏，泄漏的丙烯高速喷射产生静电，引燃丙烯与空气的混合气体发生火灾。

密封垫片是一种用于机械设备、管道等连接部位起密封作用的材料。密封垫片由金属或非金属板状材质，经切割、冲压或裁剪等工艺制成，用于管道之间的密封连接、机器设备的机件与机件之间的密封连接。按材质，密封垫片可分为金属密封垫片和非金属密封垫片。金属密封垫片有铜垫片、铁垫片、铝垫片、不锈钢垫片等。非金属密封垫片有石棉垫片、非石棉垫片、纸垫片、橡胶垫片等。石棉橡胶垫片以石棉纤维、橡胶为主要原料，再辅以橡胶配合剂和填充料，经过混合搅拌、热辊成型、硫化等工序制成。石棉橡胶垫片根据其配方、工艺性能及用途的不同，可分为普通石棉橡胶垫片和耐油石棉橡胶垫片；根据使用的温度和压力不同，可以分为低压、中压、高压石棉橡胶垫片，适用于水、水蒸气、油类、溶剂、中等酸、碱的密封。石棉垫片主要在中、低压法兰连接的密封中应用。

对密封垫片不仅在选择上有要求，在安装时也有要求。一般要求如下：①密封垫片与法兰密封面应清洗干净，不得有任何影响连接密封性能的划痕、斑点等缺陷存在。②密封垫片外径应比法兰密封面外径小，密封垫片内径应比管道内径稍大，两内径的差一般取密封垫片厚度的 2 倍，以保证压紧后，密封垫片内缘不致伸入容器或管道内，以免妨碍容器或管道中流体的流动。③密封垫片预紧力不应超过设计规定，以免密封垫片过度压缩丧失回弹能力。④密封垫片压紧时，最好使用扭矩扳手。对大型螺栓和高强度螺栓，最好使用液压上紧器。拧紧力矩应根据给定的密封垫片压紧力通过计算求得，液压上紧器油压的大小亦应通过计算确定。⑤安装密封垫片时，应按顺序依次拧紧螺母。但不应拧一次就达到设计值，一般应至少循环 2~3 次，以便密封垫片应力分布均匀。⑥对易燃、易爆介质的压力容器和管道，换装密封垫片时应使用安全工具，以免因工具与法兰或螺栓相碰，产生火花，导致火灾或爆炸事故。⑦管道如有泄漏，必须降压处理后再更换或调整安装密封垫片，严禁带压操作。

这起事故被认定是一起因密封垫片制造单位产品质量不合格，空冷器制造单位质量控制不严格，设备使用单位检维修管理不到位造成的责任事故。事故发生之后，事故相关企业要以这起泄漏火灾事故为警示，严格落实企业产品质量主体责任，建立、健全技术创新、产品研发、生产制造、储运销售、技术服务等全员、全过程质量管理体系；要对供货单位的资质和外购产品质量进行严格审核，及时清理不符合要求的供货商；要严把销售产品质量关，加强检测检验。要对装置上正在使用的密封垫片进行一次全面系统的排查，对存在隐患的密封垫片立即更换。要强化检维修等直接作业环节的安全管控，落实检维修作业安全管理制度和操作规程，明确作业流程和审批制度并严格执行。开展作业前风险分析，凡是进行检维修作业，必须要制定科学、安全、可靠的检维修方案，做好检维修作业组织管理、统筹协调和安全监管。

47. 工装模具连接耳焊接强度不足断裂导致人员被灼烫

2016 年 6 月 21 日 13 时 40 分，河北省泊头市某冶金机械有限公司（本案例中简称机械公司）在浇铸铸件过程中，发生一起灼烫事故，造成 5 人死亡、2 人受伤，直接经济损失 500 余万元。

（1）事故相关情况

机械公司成立于 2008 年 6 月，经营范围：铸件、机加工、机械制造、铸造涂料生产及销售。

该公司主要产品为轧辊铸件，主要采用卧式离心铸造工艺。其工艺流程是将金属熔融液体浇入旋转的模具中，使金属液体在离心力的作用下充填模具，凝固形成铸件。

（2）事故发生经过

2016 年 6 月 21 日 12 时 30 分左右，机械公司法定代表人王某某、铸造车间主任胡某某带领 6 名工人开始试制一种新型复合轧辊（用两种不同成分的金属铸成）。13 时 40 分左右，在浇铸完第一包合金金属液体、第二包普通金属液体剩余约 50 kg 时，因高速旋转，工装模具侧盖连接耳处开裂，高温金属液体在离心力的作用下突然外泄，致 7 人被烫伤，其中 5 人经救治无效死亡。

（3）事故原因分析

1）直接原因。机械公司自行设计、制作的工装模具侧盖连接耳焊接强度不足，小于离心浇铸时产生的向外推力，当金属液体注入工装模具后，离心浇铸所产生的向外推力引起连接耳处开焊断裂，导致工装模具侧盖外移，发生高温金属液体外泄。

2）间接原因。

①机械公司企业管理混乱，在新产品试制过程中未按有关技术要求进行规范设计、审核和试车，而是仅凭经验估算，盲目设计、制作工装模具，在未经任何测试的情况下盲目试生产，导致事故发生。

②机械公司安全生产规章制度不健全，安全生产责任制不完善，执行安全管理制度和安全操作规程不到位，未配置专职或者兼职的安全管理人员，特种作业人员无证上岗作业。

③机械公司安全教育培训不到位，只对员工进行口头培训，未组织员工进行"三级安全教育"和考试。

（4）事故教训和相关知识

在这起事故中，机械公司的做法，不符合安全管理基本要求，也不符合对机械设备的基本安全要求。

对机械设备的基本安全要求，是要确保机械设备安全。机械设备安全是指机械设备在按照使用说明书规定的使用条件下，执行其功能，或在对其进行运输、包装、调试、运行、维修、拆卸和处理时，不损伤操作人员身体或危害其健康的能力。

决定机械设备安全性能的关键是机械设备安全设计，即在机械设备的设计阶段，从零部件材料到零部件的形状和相对位置，从限制操纵力、运动件的质量和速度到减少噪声和振动，采用本质安全技术与动力源，应用零部件之间的强制机械作用原理，结合人机工程学原理等，通过选用适当的结构设计，尽可能地避免或减小危险；也可以通过提高其可靠性、操作机械化或自动化水平以及实行在危险区之外的调整、维修等措施，避免或减小危险。

事故之后，企业要加强内部安全管理，配备具有专业技术能力的人员负责生产技术管理，在今后技术改造、使用新产品或新工艺时，要聘请有专业资质的机构或人员进行设计、审核、试车，正式投产前报相关行业管理部门备案。此外，应针对企业特点和各个作业场所的特殊性，切实加强员工的安全教育培训工作。强化对公司规章制度的执行力，严明员工劳动纪律，不断强化员工的安全意识、责任意识，杜绝冒险进入危险区域作业或从事与工作无关的活动。

48. 中药提取罐放空管设置不当乙醇蒸气积聚引发爆炸

2018 年 4 月 19 日，位于天津市西青区精武镇永红工业区的天津市某制药有限公司（本案例中简称制药公司）提取车间发生一起爆炸事故，造成 3 人死亡、2 人重伤，直接经济损失约 1 740 万元。

（1）事故相关情况

制药公司成立于 2001 年 8 月，经营范围：贴膏剂制造；煎膏剂、糖浆剂、口服液、丸剂、片剂、颗粒剂、硬胶囊剂、中药提取制造等。公司建有提取车间、液体制剂车间、固体制剂车间 3 个生产车间及办公区、成品库、辅料库、仓库、锅炉房等配套设施。

发生事故的是该公司的提取车间，位于厂区居中位置，厂房为单层砖混结构，屋顶为混凝土预制板，东西长 17.8 m，南北宽 9 m，厂房高约 5.3 m，建筑面积 160.2 m²。北侧与固体制剂车间相距约 15 m，南侧与液体制剂车间由一条通道相隔，西侧与液体制剂车间（勾膏间）以砖墙相隔，东侧与称量备料室以砖墙相隔。提取车间在生产过程中使用乙醇，根据《建筑设计防火规范》（GB 50016—2014），提取车间的火灾危险性为甲类。

事故涉及的设备是设置在提取车间内的 1 台中药提取罐，该罐为立式夹套型，内筒容积为 3.6 m³，内径为 1.4 m，容器高 3.56 m，内筒设计压力为常压，夹套设计压力为 0.3 MPa，内筒设计温度为 105 ℃，夹套设计温度为 143 ℃。该罐制造日期为 2003 年 11 月 1 日，投入使用日期为 2005 年 7 月 21 日。该罐属于特种设备，检验结论：压力容器的安全状况等级评定为 3 级，符合要求。

（2）事故发生经过

2018 年 4 月 19 日 8 时许，制药公司提取车间员工乔某某打开中药提取罐的蒸汽阀门加热罐内物料（溶媒为乙醇），准备进行提取作业。9 时许，乔某某通过中药提取罐观察视镜发现罐内溶媒沸腾（仪表显示罐内温度为 70~80 ℃）。半个小时以后，乔某某发现罐底出渣口位置出现喷液，随即向刘某某报告。几分钟后，刘某某赶到现场并要求对设备紧急泄压。乔某某关闭了中药提取罐蒸汽阀门，并打开罐顶的 2 个放空阀进行泄压，在此期间，罐底出渣口持续喷溅高温液体。操作完成后，刘某某、乔某某 2 人退至车间门口处，10 时 6 分，中药提取罐区域发生爆炸。

爆炸事故发生后，市消防总队指挥中心接到制药公司厂房爆炸的报警，迅速调派 12 个大队、中队和全勤指挥部共 31 辆消防车赶赴现场处置，搜救出 4 名被困人员。17 时 30 分，经确认无被困人员后，搜救工作结束，历时 7 h。

事故造成 3 人死亡、2 人重伤，直接经济损失约 1 740 万元。

（3）事故原因分析

1）直接原因。中药提取罐罐底出渣口液体泄漏后高速喷溅产生静电，静电电荷积聚放电，引燃了提取罐周围乙醇蒸气与空气混合形成的爆炸气体，发生爆炸。

2）间接原因。

①制药公司未向员工如实告知作业场所和工作岗位存在的危险因素、防范措施以及事故应急措施，致使作业过程中，中药提取罐出渣口发生喷液时，无有效措施予以控制。

②制药公司未将使用乙醇的中药提取罐放空管设置在室外，且未设置排风装置，致使放空泄压过程中提取车间乙醇蒸气大量积聚。

③制药公司在提取车间不符合甲类火灾危险性设置要求的情况下使用乙醇。

（4）事故教训与相关知识

这起事故中涉及中药生产。目前中药生产主要采用批量的方式，工艺一般包含中药提取、浓缩、沉淀、分离、纯化、吸附、洗脱、精馏等环节。中药提取是其中一个关键环节，它是"取其精华，去其糟粕"的过程。其工艺方法、工艺流程的选择和设备配置都将直接关系中药的质量和临床效果。以往，中药提取主要采用传统的方法，如水煎煮法、浸渍法、渗漉法、改良明胶法、回流法、溶剂提取法、水蒸气蒸馏法和升华法等。其中，水煎煮法是较为常用的一种方法，而溶剂提取法则是应用范围较广的一种方法。随着中药现代化的发展，上述传统中药提取方法已逐渐被先进的方法所取代，如超临界流体萃取、膜提取分离技术、超微粉碎技术、中药絮凝分离技术等。用这些方法和技术提取出来的中药不但纯度高，而且生产周期短。此外，这些方法和技术能够避免破坏生理活性物质，提高产品质量。

制药公司提取车间的生产工艺为提取工艺，即预先将切碎或粉碎成粗粉的固体物料放入中药提取罐，在罐内加入定量溶媒，加热煮沸并保持至规定时间，再经过滤、浓缩得到提取浓缩液（膏）。常用溶媒分为水和乙醇两种。水提工艺（溶媒为水）在食品行业应用普遍，适用于有效成分能溶于水且相对稳定的提取物质，但不利于精制。醇提工艺（溶媒为乙醇）在食品行业多不采用，但在中药行业广泛采用，主要是因为乙醇溶解性能好，且对中草药细胞的穿透能力强，所溶解出的水溶性杂质少，提取效果满足药品生产的品质要求，但生产成本较水提工艺昂贵。

提取车间采用的是醇提工艺，溶媒为乙醇。乙醇的俗名为酒精。外观与性状：无色液体，有酒香。沸点：78.3 ℃，闪点：12 ℃，爆炸下限：3.3%，爆炸上限：19%。危险特性：易燃，其蒸气与空气可形成爆炸性混合物，遇明火、高热能引起燃烧爆炸；其蒸气比空气重，能在较低处扩散到相当远的地方，遇火源会着火回燃。主要用途：用于制酒工业、有机合成、消毒以及用作溶剂。在这起事故中，制药公司未将使用乙醇的中药提取罐放空管设置在室外，且未设置排风装置，致使放空泄压过程中提取车间乙醇蒸气大量积聚，最后静电电荷积聚放电，导致乙醇蒸气与空气混合形成的爆炸气体发生爆炸。因此，这起事故的发生，与设备本质安全性不高有直接的关系。

49. 电气设备未采用防爆措施甲醇蒸气引发气体爆炸

2011 年 10 月 16 日，浙江省某绝缘材料公司（本案例中简称材料公司）制胶车间在生产过程中，2 号反应釜突然发生爆炸事故，造成 3 人死亡、3 人受伤。

（1）事故相关情况

材料公司成立于1998年，主要生产各种覆铜板及绝缘材料，具有绝缘板材产品制造和开发能力。公司设有制胶车间、浸胶车间、模压成品车间，并有新产品开发、技术管理、生产服务、质量检测等部门，形成了较完善的产品生产和销售体系。

（2）事故发生经过

2011年10月15日，材料公司制胶车间在2号反应釜完成树脂合成备用。10月16日7时30分左右，车间员工共4人到车间开始作业，员工金某在一楼拉运环氧树脂、高溴环氧树脂、阻燃剂、三聚氰胺胶等配料并抽入2号反应釜。7时54分，鲁某打开2号反应釜投料孔孔盖，鲁、吴2人向釜内加料。8时2分，加料完毕，鲁某关闭2号反应釜投料孔孔盖，并开始加温。8时17分，鲁某到5号反应釜加甲醛，并到仓库领三聚氰胺、片碱等物料。8时36分，吴某观察2号反应釜回流情况，关闭蒸汽阀门，停止加温。8时46分，鲁某打开3号反应釜投料孔孔盖，加入磷酸三苯脂。

9时23分，一名员工走到3号反应釜前，用扳手拧紧投料孔孔盖压紧螺杆。此时，吴某走到2号反应釜投料孔处，发现2号反应釜投料孔孔盖有异常，便到3号反应釜取扳手，准备将2号反应釜投料孔孔盖压紧螺杆拧紧。9时24分，吴某返回到2号反应釜投料孔处时，2号反应釜投料孔突然喷出大量棕黄色胶液，直接喷到吴某身上，吴某闪了一下身快速跑进休息室。9时25分，车间内发生爆炸，监控录像中断。当班员工迅速拨打"119"报警。经过事后统计，这起事故造成3人死亡、3人受伤。

（3）事故原因分析

1）直接原因。

①反应釜内物料含有大量甲醇，甲醇的沸点为64.8℃。反应釜

自动化控制水平低，用于反应体系温度控制的蒸汽阀门开度无法调节，升温速率难以控制，造成反应釜内温度超过甲醇沸点，物料爆沸冲开投料孔孔盖（2号反应釜投料孔孔盖设计存在缺陷，紧固杠杆加焊一钢条，钢条扣环处无凹槽，扣环容易滑脱），甲醇蒸气与空气混合形成爆炸性混合气体。

②制胶车间电气设备未采用防爆设施，反应釜搅拌电机、照明、配电箱、电气线路均不防爆，电气设备运行中极易产生火花，引爆泄漏出来的爆炸性混合气体。

③制胶车间厂房与原料仓库设置在同一建筑内，无有效的防火防爆分隔。仓库内设有2个甲醇储罐，并储存大量桶装甲醇、环氧树脂等危险化学品。制胶车间发生爆炸，引燃仓库内甲醇储罐及物料桶后发生燃烧、爆炸。

2）间接原因。

①生产装置未经有资质单位设计、安装，总图布置、防火分区设置不符合规范要求，未采用防爆设施，未设置逃生通道。

②企业安全生产主体责任未落实，安全管理混乱，安全管理规章制度、安全操作规程不落实，习惯性违规操作现象严重。

③企业主要负责人及其他安全管理人员均未参加安全管理人员资格培训，不具备与本单位所从事的生产经营活动相应的安全知识和管理能力。未按规定对员工进行安全教育培训，员工不清楚作业场所和工作岗位存在的危险因素、防范措施以及事故应急措施，致使员工应急处置不当，未及时撤离危险场所，造成多人伤亡。

④该企业未依法履行安全生产法定职责。未经许可生产使用危险化学品；生产装置安全设施不符合国家规定；建筑工程设计未报消防审核；承压设备未按规定报批，擅自投入生产使用；对相关部门执法检查中整改指令未按要求落实整改。

（4）事故教训和相关知识

这起事故的发生与设备本质安全程度不高、车间厂房布局存在缺陷有关。

事故之后，事故企业应在技术措施上，对反应釜在采用回流冷凝的反应过程中，设置足够的放空口并保持畅通，防止加热过量、冷凝不足造成的超压危险。在处理黏稠的物料时，反应釜控制较低的加料系数，防止物料黏结堵塞温度计、压力计、液位计以及回流液进出口等。完善各项作业安全操作规程，加强各级安全监管和监督。提高装置的自动化控制水平，关键环节及操作过程设置联锁控制，减少人为误操作引发事故。同时，加强对管理人员及操作人员安全教育和培训，执行严格的"三级安全教育"，安全考核合格后持证上岗；作业人员应清楚作业环节主要危险因素，具备紧急情况下的应急处理能力；提高直接操作人员风险识别能力及自我安全保护意识。

50. 生产装置长时间处于异常状态引发硝化装置爆炸

2007 年 5 月 11 日 13 时 27 分，某化工集团公司（本案例中简称化工公司）TDI（甲苯二异氰酸酯）车间硝化装置发生爆炸事故，造成 5 人死亡、80 人受伤，其中 14 人重伤，厂区内供电系统严重损坏，附近村庄几千名群众疏散转移。

（1）事故相关情况

化工公司成立于 1996 年，主要产品为 TDI，年生产能力 2 万 t，2005 年进行扩能改造，生产能力达到 3 万 t/a。

发生事故的 TDI 车间由硝化工段、氢化工段和光气化工段 3 部分组成。主要工艺流程如下：在原料二甲苯中加入硝酸和硫酸，经两段硝化生成二硝基甲苯，二硝基甲苯与氢气发生氢化反应生成甲苯二胺，甲苯二胺以邻二氯苯作溶剂制成邻苯二胺溶液，再与光气进行光气化反应生成最终产品 TDI。

（2）事故发生经过

2007 年 5 月 10 日 16 时许，化工公司在生产中由于蒸汽系统压力不足，氢化和光气化装置相继停车。20 时许，硝化装置由于二硝基甲苯储罐液位过高而停车。由于甲苯供料管线手阀没有关闭，调节阀内漏，甲苯漏入硝化系统。22 时许，氢化和光气化装置正常后，硝化装置准备开车时发现硝化反应深度不够，生成黑色的络合物，遂采取酸置换操作。该处置过程持续到 5 月 11 日 10 时 54 分，历时约 12 h。在此期间，装置出现明显的异常现象：一是一硝基甲苯输送泵多次跳车；二是一硝基甲苯储槽温度高（有关人员误认为仪表不准）。其间，二硝基甲苯储罐液位降低，导致氢化装置两次降负荷。

5 月 11 日 10 时 54 分，硝化装置开车，负荷逐渐提到 42%。13 时 2 分，厂区消防队接到报警，一硝基甲苯输送泵出口管线着火，于是厂内消防车迅速到达现场，与现场人员一起将火迅速扑灭。13 时 8 分，系统停止投料，现场开始准备排料。13 时 27 分，一硝化系统中的静态分离器、一硝基甲苯储槽和废酸罐发生爆炸，并引发甲苯储罐起火爆炸。

事故发生后，当地政府立即启动事故应急预案，成立事故救援指挥部，组织人力、物力全力进行抢险救援，先后调集周边地区 50 辆消防车、280 余名消防队员，展开灭火和抢救伤员。至当日 16 时 30 分火势得到控制，16 时 50 分大火被扑灭。在灭火的同时，事故救援指挥部调集 35 辆救护车赶赴事故现场实施伤员救治，并对周边群众进行了疏散，附近 3 个村近 7 000 名群众全部转移到上风向 2 km 的安全地带。抢险救援工作于 5 月 11 日 17 时 30 分基本结束，当地政府组织疏散转移群众有序返回驻地。

（3）事故原因分析

1）直接原因。在处理一硝化系统异常时，酸置换操作使系统硝酸过量，甲苯投料后，导致一硝化系统发生过硝化反应，生成本应在二硝化系统生成的二硝基甲苯和不应产生的三硝基甲苯（TNT）。因一硝化静态分离器内无降温功能，过硝化反应放出大量的热无法移出，使静态分离器温度升高，失去正常的分离作用，有机相和无机相发生混料。混料流入一硝基甲苯储槽和废酸储罐，并在此继续反应，致使一硝化静态分离器和一硝基甲苯储槽温度快速上升，硝化物在高温下发生爆炸。

2）间接原因。

①化工公司生产和技术管理混乱，工艺参数控制不严，处理异常工况时没有严格执行工艺操作规程。

②化工公司在生产装置长时间处于异常状态、工艺参数出现明显异常的情况下，未能及时采取正确的技术措施，导致事故发生。

③化工公司人员技术培训不够，技术人员不能综合分析装置的异常现象并作出正确的判断；操作人员对异常工况处理缺乏经验。

④化工公司工厂布局不合理，存在消防水泵设计不合理等问题。

（4）事故教训和相关知识

化工企业运用化学方法从事产品的生产，生产过程中的原材料、中间产品和产品大多数都具有易燃易爆的特性，有些化学物质对人体存在不同程度的危害。而且化工生产过程大多具有高温、高压、深冷、连续化、自动化、生产装置大型化等特点，与其他行业相比，化工生产的各个环节不安全因素较多，具有事故后果严重、危险性和危害性更大的特点。随着化学工业的发展，化工生产的特点与危险性不仅不会改变，反而会由于科学技术的进步而进一步强化。因此，化工企业在生产过程和其他相关过程中，必须有针对性地采取积极有效的措施，加强安全管理，防范各类事故的发生，确保安全生产。

为了确保安全生产，对化工设备安全运行提出了更高的要求，主要如下：

1）足够的强度。为确保化工设备设施长期、稳定、安全地运行，必须保证所有的零部件有足够的强度。一方面要求设计和制造单位严把设计、制造质量关，消除隐患，特别是压力容器，必须严格按照国家有关标准进行设计、制造和检验，严禁粗制滥造和任意改造结构及选用代材；另一方面要求操作人员严格履行岗位责任制，遵守操作规程，严禁违章指挥、违章操作，严禁超温、超压、超负荷运行。同时还要加强维护管理，定期检查设备与机器的腐蚀、磨损情况，发现问题及时修复或更换；当化工设备达到使用年限后，应及时更新，以防因腐蚀严重或超期使用而发生重大设备事故。

2）密封可靠。化肥、化工、炼油厂处理的物料大都是易燃易爆、有毒和腐蚀性的介质，如果由于设备设施密封不严而造成泄漏，将会引起燃烧、爆炸、灼伤、中毒等事故。因此，不管是高压设备还是低压设备，在设计、制造、安装及使用过程中，都必须特别重视化工设备设施的密封问题。

3）安全保护装置必须配套。随着科学技术的发展，现代化肥、化工、炼油装置大量采用了自动控制、信号报警、安全联锁和工业电视等一系列先进手段。自动联锁与安全保护装置的应用，在化工设备设施出现异常时，会自动发出警报或自动采取安全措施，以防事故发生，保证安全生产。

4）适用性强。当运行条件稍有变化，如温度、压力等条件有变化时，化工设备应能完全适应并维持正常运行。而且一旦由于某种原因发生事故时，可立即采取措施，防止事态扩大，并在短时间内予以修复、排除。这除了要求安装有相应的安全保护装置外，还要有方便修复的合理结构，备有标准化、通用化、系列化的零部件以及技术熟练、经验丰富的维修队伍。

化工设备设施运行状况的好坏，直接影响化工生产的连续性、稳定性和安全性，因此，强化化工设备设施的维护管理，提高操作人员的安全技术素质，确保化工设备设施安全运行，在化工生产中越来越重要。

事故之后，事故企业要加强工艺、设备的安全管理，严格工艺操作，完善防止氯气、氨气、二氧化硫泄漏的各种措施，严防泄漏事故再发生。要进一步完善应急预案，加强演练，配备必要的应急器材。氯碱、合成氨企业要配备一定数量的防化服，提高应急处置能力。要立即组织对涉及硝化反应的化工企业进行全面安全检查，重点检查是否严格执行工艺技术规程，异常工况处置方案是否正确，操作人员是否具备处置异常工况的能力。对在检查中发现的问题，要立即采取措施进行整改，防止发生事故。硝化反应系统没有实现自动控制的，要限期进行技术改造，实现自动控制，并逐步配备自动紧急停车系统。

51. 观察口未关闭液压球阀脱落导致离心机损坏

2007年8月6日0时10分左右，浙江省绍兴市上虞某化工有限公司（本案例中简称化工公司）发生一起离心机损坏事故，导致离心机许多零部件严重损坏，事故直接经济损失约1万元。

（1）事故发生经过

2007年8月5日23时20分左右，化工公司在生产过程中，离心机操作工张某对离心机第一批料进行进料操作，约5 min后发现离心机抖动较大，但生产正常。8月6日0时5分，操作人员按操作规程进行进料操作。至0时10分，抖动加剧。约0时12分，抖动异常，操作人员及时发现并按急停按钮停车，但为时已晚，离心机刮刀丝杆、旋转套、旋转锁紧螺母、保护套、刮刀组件、刮刀座、料控挡板旋转轴、旋转油缸前座、进料阀等严重损坏。

（2）事故原因分析

1）直接原因。该离心机出事前，液压球阀在反应釜的底部，通过软管与反应釜相连。由于物料经常将该球阀堵死，疏通球阀比较麻烦，生产车间未经上级主管部门同意，未办理相关审批手续，私自将原本在反应釜底部的液压球阀移装到离心机进料口上，再用软管与反应釜连接。离心机抖动时液压球阀脱落，正好掉进未关闭的离心机观察口内，造成离心机严重损坏。

2）间接原因。

①离心机上的观察口是用来观察离心机内物料的离心情况的，正常情况下观察完成以后应处于关闭状态，而在事故发生时该离心机观察口却没有关闭，导致脱落的液压球阀恰好掉进离心机转鼓内，是此次事故的主要原因之一。

②该公司设备管理制度规定，更新、改造的设备，由使用单位提出申请，运行部门按照工艺、生产、技术要求对设备进行验收，涉及设备变更的应及时办理变更手续。但该车间改造设备没有办理任何相关手续，也没有申请相关部门验收。

③操作人员巡回检查的力度欠缺，发现问题后的处理方法欠妥，在发现问题时没有报告车间领导，没有及时做出处理。

④液压球阀焊接不牢固。离心机在运行中，一定程度的抖动是允许的，可就是这样的抖动使私自焊接的液压球阀脱落掉进离心机转鼓内，也是导致此次事故发生的主要原因。

（3）事故教训和相关知识

在这起事故中，车间管理人员未办理相关手续，违反公司有关设备管理制度，私自改装、变更液压球阀位置，而操作人员对离心机的运行状况不熟悉，缺乏离心机等设备的基础知识。这些都是导致事故的因素。

做好车间设备管理，对企业的生产经营起着重要的作用：既能促进生产任务的完成，又有利于保障产品质量；既能降低员工的劳动强度，提高员工的积极性，又有利于安全生产和环境保护，是多方受益、必须做好的工作。做好车间设备管理，应抓好以下几方面的工作：一是要合理调整设备，要围绕生产的产品和工艺特点合理安排任务，以适应生产的需要，不违章操作、野蛮操作、超负荷、带"病"运行。二是要建立、健全设备使用的规章制度，包括设备的使用程序、设备的操作维护规程、设备使用责任制度，并严格执行。三是要为设备提供良好的环境。这既可保障设备正常运转，也能延长设备使用寿命，还可使操作人员心情舒畅，有安全感。配备必要的测量装置，有良好的通风、保温、照明等。四是要加强设备维护维修。对车间设备进行检查维护，发现问题及时处理，不能处理的提出整改措施，及时向上报告。指导岗位员工正确使用和维护设备，开展全员设备管理，人人参与设备点检，及早地发现设备异常、隐患，掌握故障初期信息，以便及时采取对策，将故障消灭在萌芽阶段，避免故障范围扩大，保障设备正常运行。五是要培养高素质员工队伍。车间管理人员、技术人员、操作人员和维修人员的素质水平是用好、管好设备的关键，所以应不断加强人员培训的广度和深度，并明确各类人员的责任。在技术改造过程中，尽可能让有关人员参与设备的可行性分析、调研、优选、安装、调试等环节，在一定时间内保持队伍的稳定性。

对车间所使用的设备，不能擅自改造，即使确实需要进行改造调整，也需要按有关法律、法规及公司的管理制度严格执行。在事故之后，该车间规定，离心机上的观察口使用过后应及时关闭，避免常开。对员工进行设备安全方面的知识培训，并进行理论和实践考核，考核合格方可上岗。在发生事故的离心机上挂牌，对员工起到提示和警醒作用。

52. 压缩机活塞杆断裂后未做紧急停车处理导致设备故障

2006 年 6 月 10 日，山东省某化工有限公司（本案例中简称化工公司）4M40 型压缩机五、六级活塞杆距六级活塞端面 240 mm 处断裂，因操作人员误操作，活塞、缸盖被断杆撞出，气体泄漏着火。

（1）事故相关情况

化工公司成立于 2001 年 4 月，经营范围：尿素生产和销售。

（2）事故发生经过

2006 年 6 月 10 日 22 时 45 分，化工公司在生产中，4 号 4M40 型压缩机发出一声沉闷的撞击声，接着安全阀连续起跳，主机电流值严重低于正常值。盯车主操作工金某，首先确认四级安全阀起跳，迅速关闭五出、四入阀门，将该段压力降低，使四级安全阀阀头回座复位。之后，金某未判断出超压的真正原因，未准确判断出现的机械故障，未做紧急停车处理，而是按正常停车程序操作。当六级压力即将卸尽时，五、六级气缸突然发出猛烈的撞击声。金某迅速跑进操作室，还未来得及将车完全停下，缸盖、活塞便被撞出，随即泄漏气体着火。经过片刻惊恐后，现场操作人员迅速将阀门彻底关严，同时用灭火器将火扑灭。随后车间召集相关人员对压缩机进行抢修，确认五、六级活塞杆断裂。

（3）事故原因分析

1）直接原因。当压缩机五、六级活塞杆断裂后，当班操作人员未能及时准确判断，处事不果断，未做紧急停车处理，违章操作，是造成这次设备事故扩大化的直接原因。

2）间接原因。

①企业在日常检修中忽视对活塞杆等重要部件的检修，未能及时发现缺陷并及时消除，未能及时更换受损部件。

②企业安全教育和技术培训不到位，没有加强操作人员的业务学习，操作人员也没有真正将"四懂"（懂性能、懂原理、懂结构、懂用途）、"三会"（会操作、会保养、会排除故障）的内容融会贯通。

（4）事故教训和相关知识

这台4M40型压缩机自投入使用后，在这起活塞杆断裂事故发生之前，也曾经发生过几次五、六级活塞杆断裂的设备事故，而造成活塞、缸盖撞击还是第一次。

从事故发生经过来看，当班操作人员缺乏对设备结构的了解，缺乏应对此类设备事故的经验。4M40型压缩机五、六级气缸为倒级差式，五级在盖侧，六级在轴侧，其五、六级活塞杆与活塞为整体结构。当班操作人员认为活塞杆断裂后会发出连续撞击声。实际上，当五、六级活塞杆断裂后，活塞仍受六入、五入气体压力，在气体压力的作用下，活塞被推至外止点位置，不再发生连续撞击。处理这次事故，操作人员未做紧急停车处理，而是先将四、五级卸压，随后卸尽六级压力后，因四入阀门未关严，造成活塞只受五入气体压力，在气体力的作用下，活塞向轴侧推进，瞬间被断杆撞回，缸盖在频繁撞击下，缸盖螺栓疲劳拉长断裂，缸盖、活塞被撞出，气体泄漏着火。此次事故因误操作导致设备事故进一步扩大，导致缸盖、活塞被撞出，连杆小头瓦损坏，十字头体配重铁、滑板紧固螺栓松动等，使检修时间长达6 h。万幸的是没有造成人员伤亡。

客观地讲，一名操作人员遇到设备事故的情况并不多，如果对设备内部结构、相互关系、处置程序等不清楚，那么就容易在应急处置过程中出现一些失误。在这方面，可以学习借鉴某燃气集团高压管网分公司运行五所检修二班（本案例中简称检修二班）的做法。

检修二班成立于 2013 年 3 月，10 名班组成员的年龄均在 35 岁以下，是最年轻的一线班组，担负着 320 km 燃气管线、25 座调压站、64 座调压箱和 291 座闸井内调压器的日常检维修工作，是当地燃气高压管网管理范围最大、管线最长、需要检维修设备最多的班组。

该班组刚成立时，除了当时的班长张某，其他班组成员都没有做过检维修工作，对于调压器、指挥器等设备的原理、作用一窍不通。张某曾获得全国调压比赛的第二名，他凭借着自己的工作经验为班组成员制订了学习成长计划，还邀请 4 名在全国、市级大赛中都有突出表现的选手做辅导老师，定期到班组讲授燃气调压知识，指导实操训练。在辅导老师授课时，班组成员还将授课内容录制下来并整理成文字资料，供大家自学。由于班组成员都是年轻人，班组还利用新媒体手段，建立了自己的微信公众平台，将这些教学视频、设备型号上传到微信公众平台，只要输入设备名称，就会出现设备的解剖图、工作原理图、常见的问题，方便随时查阅。除此之外，班组微信公众平台还计划将检修标准化、应急抢险标准化、漏气点如何修复等工作内容全部总结并上传。检修二班每周都会进行一次理论学习，除了授课视频学习外，还有卡片学习。将不同设备检修的步骤流程做成一张张小卡片（共有 16 张），让班组成员按照检修顺序排列整齐，每周对不同组员进行考核。由于设备的检修步骤有一些相似的地方，操作顺序又不完全相同，再加上这些卡片分得比较细，所以班组成员必须经过反复训练才能够完全掌握。除了理论学习，每周二、周四，检修二班还会利用以前检修过程中替换下来的老旧设备进行指挥器、调压器拆装的实操练习。每隔一段时间，班组还会组织竞赛，从比拼拆装设备速度到叙述调压器、指挥器的工作原理，再到解决疑难问题。理论、实践、竞赛相结合的学习方式，提升了班组成员的检维修技能。

◆ 53. 天车减速机联轴器未设置防护罩作业不确认人员被绞伤

2007 年 6 月 20 日，某公司轧钢厂机械车间钳工上到棒线成品跨天车巡检设备时，裤腿被挂到大车南侧减速机联轴器螺栓上，致使左腿被转动的联轴器绞伤。

（1）事故发生经过

2007 年 6 月 20 日 9 时 30 分左右，某公司轧钢厂机械车间天车工李某，操作棒线成品跨天车准备起吊备件时，发现天车送不上电，就上到大车上部，看到大车南侧拦门开着，此时钳工马某正好站在天车南侧检修通道内准备上车点巡检。李某让马某把拦门关上，并告知天车准备吊备件。马某上车关上拦门后开始巡检。李某鸣铃警示后开始进行吊备件作业，在吊运的过程中听到马某大喊"停车"，停车后发现马某左腿被南侧大车减速机联轴器绞伤。经过近半年的治疗，马某的身体才基本康复。

（2）事故原因分析

1）直接原因。天车工李某在起吊前虽鸣铃警示，但与马某没有很好地沟通，确认不到位，是事故发生的直接原因。

2）间接原因。

①钳工马某是一名有着 10 余年工龄的老钳工，但他在巡检时不看周围环境，且上到天车后未和天车工交代具体巡检事宜。

②大车减速机联轴器缺防护罩，且减速机联轴器螺栓向外伸出部分较长，约 40 mm。

③轧钢厂、车间、班组在管理上存在漏洞，尤其是在安全检查和隐患整改方面做得不到位，天车运行存在较大事故隐患。

(3) 事故教训和相关知识

一些事故的发生，往往具有主观与客观两个方面的因素。在这起事故中，主观方面，检修作业人员没有与天车工很好地沟通，确认不到位，也没有注意观察周围环境；客观方面，大车减速机联轴器螺栓向外伸出部分约 40 mm，没有设置防护罩。主观因素与客观因素相结合，即人的不安全行为与物的不安全状态相交叉，就导致了事故的发生。

机械设备在运动过程中具有如下危险性：

1) 接近危险。纵向运动的构件有龙门刨床的工作台、牛头刨床的滑枕，横向运动的构件有升降式铣床的工作台，这些机械进行往复直线运动，当人处在机械直线运动的正前方而未躲让时，将受到运动机械的撞击或挤压。

2) 经过危险。转动中的带链、冲模，运动的金属接头等，人体经过运动中的部件时可引起危险。

3) 卷进危险。人体或衣服被卷进旋转机械部位引起的危险。例如，旋转部件卷进危险，如主轴、卡盘、磨削砂轮、各种切削刀具、相互啮合的齿轮等；运动部件卷进危险，如皮带与皮带轮、链条与链轮、齿条与齿轮、卷扬机绞筒与绞盘等。

4) 打击危险。旋转运动加工件打击，如伸出机床的细长加工件；旋转运动部件上凸出物的打击，如转轴上的键、定位螺栓、联轴器螺栓等；孔洞部分具有的危险，如风扇、叶片、齿轮和飞轮等。

企业安全管理以及车间、班组安全管理的一个重要内容，就是对生产作业场所存在的机械设备危险进行排除，人们十分熟悉的"四有四必"（有轮必有罩，有台必有栏，有洞必有盖，有轴必有套）就是简单有效的排除方法之一。在这起事故中，减速机联轴器没有设置防护罩，属于"有轴必有套"的缺失，这也是安全管理上的一个缺失。

事故发生后，轧钢厂总结了事故原因，采取积极的改进措施。首先，加强教育培训，提高操作人员的安全意识，使操作人员掌握安全技能，遵章守纪，严格遵守安全操作规程和其他安全管理制度。其次，加强起重机械设备管理。从设计、制造、安装、维修等环节严格把关，及时消除隐患，确保设备本质安全；在保证设备本体达到安全技术要求外，确保安全附件装置齐全有效。该厂还针对部分起重设备超期运行、超载运行，有的安全设施未与主体设备同时设计、同时施工、同时投入生产和使用的状况，要求厂内各级领导和管理部门给予高度重视，投入必要的资金尽快落实整改，整改前应采取有效的监控措施。最后，加强现场人员作业过程的安全管理，推行过程确认制。事故的发生往往是由于作业过程的某一个环节上出现失误，如双方配合欠妥，尤其是不同工种之间缺乏有效的沟通、确认工作不到位等。作业过程的安全管理就是在生产或检修作业过程中，通过对过程要素（项目、活动、作业）、对象要素（作业环境、设备、材料、人员）、时间要素和空间要素的系统控制，消除在作业过程中可能出现的各种危险、有害因素。过程确认制就是要求作业人员将"判断、确定、行动"作为一种固定的思维模式，即在作业过程中按一定的确认方式进行操作，从而避免事故发生。

54. 运输工具不合理叠放石材过高导致物体打击

2016 年 4 月 22 日 11 时许，山东省青岛市某精密机械有限公司（本案例中简称机械公司）一名女工在用四轮板车运送花岗岩石材时，被从板车上掉落的一块重约 400 kg 的石材砸中头部，当场死亡。

（1）事故相关情况

机械公司于 2004 年 9 月成立，所使用的厂区和厂房均系租赁，主要从事石材及金属制品的加工等业务。公司所使用厂房共分精研、机加工 2 个生产车间，主要设备有行车、桥切机、龙门刨、钻床等机械及手持电动研磨工具。

（2）事故发生经过

2016 年 4 月 22 日 10 时 40 分许，机械公司机加工车间钻床操作工胡某（女，52 岁）来到精研车间，开始操作起重质量为 16 t 的电动双梁桥式起重机向平板车上吊装精研好的石材，准备运送到本岗位（钻床）进行加工。

10 时 58 分，胡某将吊起的第五块石材叠放在平板车尾部堆叠的 2 块石材之上，随后招呼精研车间 2 名工人在其左右两侧帮忙向机加工车间推车，胡某处于 2 人中间位置，位于车尾正中。3 人将车推至车间门处时，左侧结扎成束的数片塑料门帘挂住最上方石材，因石材码放过高，视线遮挡，3 人均未察觉，在继续低头推动平板车行进中，门帘将码放在板车最顶层的石材挂落，砸中胡某头部并将其头部压在地面。

事故发生后，两侧帮忙推车的工人忙大声呼喊，正在精研车间内指导精研作业的该公司总经理白某与其他工人闻声跑来。白某与工人翻开石材，发现胡某头部已血肉模糊，迅速拨打了"120"急救电话。"120"急救人员赶到后经检查确认胡某已当场死亡。

（3）事故原因分析

1）直接原因。胡某在操作起重机吊装石材作业过程中，吊装叠放的石材过高，在向外运送石材时，最顶层石材被门帘挂落，胡某未及时躲闪被坠落的石材直接砸中头部。

2）间接原因。

①机械公司作为主要从事石材加工的企业，未根据自身生产工序、危害后果、作业内容等实际，对易导致人身伤亡或者设备、财产破坏的石材码放、搬运环节制定有针对性的安全生产规章制度以及安全操作规程，也未对起重吊装作业及搬运运输作业等环节制定并落实现场安全管理措施，导致员工进行上述生产作业活动无章可循。

②该公司未认真组织对员工进行安全教育培训，致使员工对公司生产经营环境、工序、流程中的各类事故风险因素及安全注意事项不知晓，不掌握自身在公司安全生产工作中的义务和权利，安全意识淡薄，对作业场所，尤其是车间门口挂置门帘已对石材运送通道形成障碍、阻挡、剐蹭等危险的事故隐患视而不见，习惯性带隐患从事石材运送作业。

③机械公司主要负责人、安全管理人员、车间主任等未认真落实安全管理职责，未对生产作业现场实施有效的安全管理，对精研车间门口物料运输通道阻挡、不畅等事故隐患未及时组织排查和消除，进而导致该事故发生。

（4）事故教训和相关知识

事故之后，经现场勘查，发现以下情况：

机械公司生产车间呈东西方向，其中东部为精研车间，西部为机加工车间，事发点位于精研车间连通机加工车间的车间门处。该车间门高约 3 m，宽约 3.5 m，门楣上安装有一副宽条塑料保温门帘，门帘由中部向两边门框分开并分别被边帘捆绑结扎形成两束，结扎高度距车间地面约 1.3 m。南束的部分塑料门帘上呈现多处凹坑状及划蹭状痕迹，该束门帘最北侧帘条上有一长约 2 cm 的撕裂痕迹，裂痕崭新无尘，经痕迹比对并参考监控确定系事故发生时刮扯石材所致。

该车间门西侧 1.5 m 处有一辆自制轮胎式平板车，车身高 80 cm，其上码有 4 块花岗岩石材（长 116 cm，宽 35 cm，高 36 cm，重 438 kg），共分 2 组，每组由 2 块石材平行堆叠，平板车与石材及上、下石材间均使用木条进行垫衬，最上方石材距地面高度约 1.6 m。平板车与车间门之间地面遗留有一块跌落的同款花岗岩石材，石材下部及附近地面遗留有大量血迹。

胡某在操作起重机吊装石材作业过程中，对已吊装叠放 2 层石材、整个板车及石材高度已达 1.6 m，明显超出车间门口结扎门帘高度（1.3 m）等情形未予理会，仍继续实施第三层石材吊装，使叠放的石材顶端高度达到了 2 m。在请工人帮忙合力推车向车间外运送石材并行至车间门口时，因石材码放过高，视线遮挡，也无人注意门帘已经挂住最顶层石材等危险状况，导致最顶层石材被门帘挂落，胡某没有来得及躲闪，被坠落的石材直接砸中头部。

在这起事故中，胡某叠放石材过高，是导致事故的直接原因，也是主要原因。同时，从企业安全管理角度讲，公司在组织石材搬运过程中，没有对阻挡或堵塞车间运料通道的障碍物进行清理，也没有对石材运输过程中长期存在的事故风险因素（经现场勘查认定，精研车间门口处设置的塑料门帘上遗留多处凹坑、划蹭痕迹，均系过往工人在石材搬运作业过程中石材刮扯所致）进行排查辨识、评估治理，致使作业人员在运送石材时长期处于危险状态。

认识到危险，认识到隐患，治理起来其实并不困难，或者改进运送车辆，或者改进车间门帘，或者规定叠放石材高度，都可以有效避免事故发生。关键是，最好在事故发生前进行治理。

55. 锅炉房设计不符合标准通风设施不完善引发煤气中毒

2013 年 3 月 2 日 8 时 20 分左右，河北省廊坊市某交易有限公司（本案例中简称交易公司）锅炉房发生一起司炉承包方外聘司炉工及其家属煤气中毒事故，造成 1 名司炉工死亡，其家属受伤，直接经济损失 45 万元。

（1）事故相关情况

交易公司成立于 2003 年 4 月 7 日，经营范围：场地出租、房屋租赁、仓储、装卸及钢材、木材、建材交易等。

发生事故的锅炉为 4 t 卧式常压热水锅炉，配套设备中的除尘器为碳钢脱硫除尘器，锅炉及配套设备于 2011 年 6 月采购，2011 年 10 月安装完毕，2011 年冬季投入试运行，2012 年冬季正式投入使用，负责为大厦商户提供供暖服务，供暖面积为 1.5 万 m^2。

2012 年 11 月 13 日，交易公司与锅炉房司炉承包者潘某某签订协议，双方约定，自 2012 年 11 月 13 日至采暖期结束，由交易公司将大厦冬季采暖司炉工作以承包方式交给潘某某，同时约定了劳动纪律，并由交易公司每月以货币形式支付 7 800 元作为工资报酬。随后，潘某某外聘吴某某进行司炉操作，吴某某持有司炉操作资格证。

（2）事故发生经过

2013 年 3 月 1 日晚，交易公司锅炉房司炉工作承包者潘某某安排司炉工吴某某当班烧锅炉，吴某某当晚将其家属带至锅炉房内休息。3 月 2 日 8 时 20 分左右，交易公司物业巡查人员王某某巡查至锅炉房时，见锅炉房门窗紧闭，未见司炉工正常上班作业，透过锅炉房窗户观察锅炉房仪器室兼休息室内，发现有 1 人躺卧于床内，另有 1 人躺卧在锅炉房内沙发上，王某某遂即拍打锅炉房门窗并呼叫锅炉房内司炉工，不见回应。王某某立即拨打电话将此情况告知交易公司副经理王某和经理白某某。王某接到电话报告后立即赶到锅炉房，发现锅炉房内的人员经呼叫不见回应，遂将锅炉房后窗打破，破窗而入将门打开，见司炉工吴某某及其家属昏迷。见此情景，王某紧急拨打"120"急救电话，将2人送往医院抢救，经医院诊断为煤气中毒。吴某某经抢救无效死亡，其家属经救治后伤愈出院。

（3）事故原因分析

1）直接原因。司炉工吴某某违章操作，在未检查锅炉除尘设备已经形成水封的情况下，封炉压火，使得锅炉炉膛内缺氧燃烧产生的大量一氧化碳不能经除尘器通过烟道排向锅炉房外的大气中，导致一氧化碳在锅炉房内积聚，进而发生事故。

2）间接原因。

①按照《锅炉房设计规范》（GB 50041—2008）［此标准已于2020年7月1日被《锅炉房设计标准》（GB 50041—2020）替代］相关要求，单台热水锅炉额定热功率为0.7~14 MW的锅炉房，其辅助间和生活间宜贴邻锅炉间固定端一侧布置。经对事故现场勘查，事故锅炉房内生活间与仪表间共用一室且设置在锅炉间内，不符合锅炉房设计规范标准。

②锅炉房通风设施设备不完善，不能有效保证燃烧气体从锅炉房内排出。

③司炉承包者潘某某对司炉工吴某某的安全教育培训不到位，吴某某不具备基本的安全知识，未能熟悉有关的安全生产规章制度和安全操作规程，未能掌握本岗位的安全操作技能。

④交易公司安全生产责任制、安全生产规章制度、操作规程落实不到位，事故隐患排查不力。

（4）事故教训和相关知识

在以前大量使用煤炭取暖的时期，煤气中毒事故经常发生。煤气中毒通常指的是一氧化碳中毒。一氧化碳无色无味，常在意外情况下，特别是在睡眠中不知不觉侵入呼吸道，通过肺泡的气体交换进入血流，并散布全身造成中毒。发生煤气中毒的原因主要如下：由于天气寒冷，为了保暖，门窗关闭，煤炭在燃烧不充分的情况下，会产生大量煤气，因通风不畅，人员在不知不觉中就会中毒。预防此类事故，一是要宣传预防煤气中毒的知识，提高人员的自我防范意识，增强自我保护能力；二是宿舍内严禁采用燃煤、燃气、燃油炉具取暖，经常保持室内良好的通风状况，冬天、雨天气压低时更应注意；三是遇到大雾等低气压天气，要保持室内通风，并随时注意炉火情况；四是不要躺在门窗紧闭、开着空调的汽车内睡觉，避免大量一氧化碳的废气侵入车内引起中毒。

事故之后，该企业切实加强对锅炉房及特种设备等设备设施使用情况的安全管理工作，建立、健全安全生产责任制及规章制度和岗位操作规程，加强对员工的岗位培训、安全教育和遵守劳动纪律培训，严格按照操作规程要求作业，增强员工安全防范和自我保护意识。同时把消除重大事故隐患、防范事故发生作为企业安全专项检查工作的重中之重，对检查中发现的问题一一登记在册，并跟踪督查整改落实情况。为锅炉房安装一氧化碳报警装置，配备一氧化碳检测仪器设备，并对通风设施设备不足等问题进行彻底整改，真正消除事故隐患。

班组应对措施和讨论

对于企业，特别是中小型企业来讲，设备管理其实是具体事务、琐碎事务的工作集合。在这些具体、琐碎的事务中，设备管理又主要涉及排查设备在长期使用中存在的隐患，包括对各种零部件松动和磨损的排查、设备的定期检测、设备的专项检查等，由此根据设备磨损规律制订出切实可行的计划，对设备进行经常性的维护保养，保障设备的安全运行。

（1）认真分析并彻底消除隐患的故事

设备维修可分为小修、中修、大修，小修属于日常维修，大修则是对设备的全面维修。从保障设备安全运行角度来说，更应强调预防性维修，即着眼于消除隐患的维修。

1）对焦炉推焦车轨道的改造。

某焦化股份有限公司1号、2号焦炉投产以来，推焦车基本属于全天候运行状态，每日来回运行次数不下110趟，而推焦车作用于轨道的压力，一个为正压力，一个为侧推力。长期运行的结果，是整个推焦车轨道基础高低不平，甚至部分基础下沉严重，造成基础预埋板与预埋钢筋脱焊，钢轨接头部位经常断裂，整条钢轨处于浮动状态，严重影响焦炉的正常生产，直接导致推焦车及滑触线等设备故障频频发生。

为了解决这一问题，公司对推焦车轨道进行了全面维修和改造，采取了有效的应对措施：一是将整条基础拆除，重新做钢筋混凝土基础；二是每隔500 mm埋设一组钢轨止推挡，以抵消推焦车的侧推力；三是将钢轨垫板由预埋式改为活动式，将轨道螺栓改为预埋式；四是轨道外侧压板全部改为止推轨撑板，以增强轨道的强度；五是轨道全部采用QU100型重轨，接头用"铝热法"全部焊接起来，以利于推焦车平稳运行。推焦车轨道改造完成后，发生质的飞跃，推焦车每天平稳运行，为安全生产奠定了良好的基础。

为了保持这一良好态势，公司要求操作人员做到以下几点：一是操作人员每4 h对推焦车轨道进行一次详细的检查，发现问题及时向领导报告；二是每周一上午对轨道所有的螺栓进行一次润滑，并做好润滑记录；三是要求操作人员每半月对所有的螺栓进行一次检查和紧固，确保推焦车轨道安全、稳定、长周期运行。

2）消除蒽醌生产筛料系统火灾隐患措施。

2001 年 4 月和 2002 年 4 月，某公司蒽醌车间筛料系统发生 2 起火灾。第一起火灾由于发现不及时，火焰引燃了包装间房梁上积存的毛料，火势沿房顶钢梁迅速蔓延，导致捕集器燃爆，险些引燃油炉，酿成更大的损失。第二起火灾，操作人员正在进行筛料作业时，突然发现筛料机接块料小车（本案例中简称小车）处起火，操作人员迅速使用干粉灭火器将火扑灭，基本上未造成损失。一年之内，蒽醌车间发生 2 起火灾，严重威胁公司财产和员工人身安全。

该公司蒽醌是由精蒽经熔蒽锅熔化、汽化锅汽化后，与空气混合进入氧化炉氧化生成蒽醌，再由捕集器冷凝捕集，通过搅笼出料、批混，经筛料机筛出块料后，装袋出厂。

两次火灾发生后，有关技术人员召集该岗位操作人员对火灾原因进行了深入的分析。第一起火灾事故由于火势蔓延，现场毁坏严重，给分析火灾原因带来很大困难。第二起火灾事故发生在筛料过程中，操作人员突然发现小车与筛料机钢平台侧壁处起火，于是迅速使用干粉灭火器将火扑灭。此处没有着火源，为何会突然起火呢？据该岗位员工反映，当小车装满块料时，手接触小车会有触电的感觉。小车未与任何带电设备连接，说明小车带有静电。为进一步确认小车是否带电，公司电工用仪器对小车进行了测试，证实小车确实带电。那么小车为何会带电呢？经过进一步的分析，认为筛料机筛出的块料通过布袋落入小车中，在筛料过程中，料与料之间互相摩擦以及与布袋之间摩擦，均会产生静电，携带静电的块料积聚在小车里，因小车是胶皮轱辘，且没有接地，静电无法释放，所以当人触到小车时，会有触电的感觉。当小车静电积聚到一定程度，且小车与钢平台侧壁处于合适距离时，由于小车与钢平台侧壁存在电位差，此时会发生放电现象，极有可能引燃此处的蒽醌毛料，引起火灾。

为防止类似事故再次发生，制定了如下预防措施：一是通过检测，筛料系统接地电阻为 13 Ω，捕集系统接地电阻为 3.2 Ω，因此，公司将小车、筛料系统与捕集系统用金属导线进行跨接，连成等电位体，消除电位差，避免在短路处产生火花放电。二是定期对捕集系统和筛料系统接地电阻进行检测，确保设备系统接地良好。三是完善操作规程。每次进行筛料作业时，必须将小车与筛料系统跨接，才能开机筛料，将此项措施列入操作规程，认真检查落实。实施以上措施后，效果良好，公司再未发生筛料系统火灾事故。

3）提合理化建议促安全生产。

甘肃某化学工业集团有限公司含能材料分公司能源动力中心锅炉组员工，积极参加公司组织的提合理化建议活动，提出的多项建议被采纳。

锅炉组员工贺正正关注工作中的细节，注重改善工作环境。在锅炉组工房二楼设备吊装口，楼层之间是用木板隔开的，下面是低压室。吊装口旁放置锅炉组的工具柜，员工们经常来拿工具，打扫卫生。贺正正每天都要打扫这里的卫生，他感到很不安，担心杂物或水落到低压室，影响配电设备安全运行，于是写下了"更换锅炉工具柜到低压室吊装口盖板"的合理化建议，提交给了班组。很快，他的建议被能源动力中心采纳，他为此也获得了 50 元的现金奖励。现在，吊装口原先的木板被换成了结实平整的钢板，四楼吊装口同样的木板也已被钢板取而代之，四周做了良好密封，从而消除了事故隐患。

张海伟善于观察，勤于思考，对影响锅炉正常运行的问题，他都纳入思考范围，经常摸索如何改进工作，是锅炉组提交合理化建议最多的人，他提交的合理化建议有 80% 被采纳。他在工作时发现，锅炉在运行中，返料器细灰管里面的细灰如果不能及时顺畅排出，容易发生堵塞。他对照旧锅炉，分析判断原因后，提出在返料器底部垂直安装一段半米长的放灰管，管底安装可拆卸闸板。该建议被采纳，交由他们自行解决实施。他立即带领锅炉组员工按照预想做了改进。经试验，放灰过程变得畅通，同时减轻了员工劳动强度，工作效率也明显提高。

此外，由于锅炉运行时间过久，炉床窥视孔被细灰覆盖，阻碍人员对料床流化状态的观察，员工经常用锤子在管线上轻轻敲打，将灰尘震下去。张海伟明白，这样做不安全，必须找到更好的方法改变这种状况。锅炉组员工南广兴和他的意见不谋而合，2 人共同提出将炉床窥视孔位置移动至锅炉二次风管进炉膛处，利用吹向炉膛的二次风，及时吹走细灰。这条建议很快被采纳，经过改造，现在员工可随时清晰观察床料流化状态，保障锅炉安全、平稳运行。

（2）设备磨损与故障规律

设备在寿命期内，无论是在使用还是闲置，其形态都会发生变化，设备物质形态的这种逐渐变化造成的损耗，称为有形磨损。有形磨损根据产生的原因可分为使用磨损和自然磨损两种。

设备在使用中，由于输入能量而运转，产生摩擦、振动、疲劳，致使相对运动的零部件实体产生磨损，这种有形磨损即称为使用磨损。使用磨损结果通常表现如下：设备零部件尺寸、几何形状改变，设备零部件之间公差配合性质改变，导致工作精度和性能下降，甚至零件损坏，引起相关其他零部件损坏而导致事故。影响使用磨损发展程度的主要因素有设备的质量、负荷程度、操作人员的技术水平、工作环境、维护修理质量与周期等。

设备寿命期内，由于自然力量的作用或因保管不善而造成的锈蚀、老化、腐朽，甚至引起工作精度和工作能力的丧失，即称为自然磨损。这种磨损无论在设备使用还是闲置过程中都会发生。但设备在闲置过程中容易失去正常的维护，因此设备闲置中的自然磨损比使用磨损更明显。

设备有形磨损可分为 3 个阶段：第一阶段是初期磨损阶段（也称磨合磨损阶段），是新设备或大修后的设备在早期故障期的磨损，磨损速度快，主要原因是零部件加工粗糙表面在负载运转中的快速磨损，低可靠度零部件在负载下的迅速失效，安装不良，操作人员对新设备不熟悉等。随着粗糙表面被磨平，失效零部件被更换，设备经过磨合调整，操作人员逐渐熟悉设备，设备的磨损速度逐渐减小。第二阶段是正常磨损阶段，磨损速度缓慢，设备处于最佳技术状态。此时应注意维护保养，采用正确的操作技术和使用规程，加强点检，预防偶发故障，尽量延长该阶段的使用时间。第三阶段是剧烈磨损阶段。当主要零部件的磨损程度已经达到正常使用极限时，继续使用，磨损就会急剧上升，造成设备精度、技术性能、生产效率明显下降，故障率急剧上升。设备使用中应及时发现正常使用极限，及时进行预防修理，更换磨损零部件，防止故障发生。

设备的故障变化规律与设备磨损规律相对应，涉及设备从投产起一直到严重磨损的全过程，其故障变化分为初期故障期、偶发故障期和磨损故障期。初期故障期对应初期磨损阶段，指新设备运转初期或大修后投入使用初期，故障率较高，并随时间的推移而减小。偶发故障期是设备的正常运转期，设备已进入正常工作，故障率较低。磨损故障期指设备经长时间运转后，由于过度磨损、疲劳而日益老化，故障率急剧上升。

（3）设备使用守则

人们在长期的设备维护管理实践中总结和提炼了一整套有效的管

理措施，对设备维护管理有重要的作用。这些措施要求设备操作人员做到"三好""四会""四项基本要求""五项纪律"和"润滑五定"。

1）"三好"。

①管好。操作人员对设备负有保管责任，未经领导同意，不许他人动用。设备的附件、仪器、仪表、工具、安全装置必须保持完整无损。设备运转时，操作人员不得离开岗位，离开时必须停车断电。设备发生事故时，应立即停车断电，保护现场，及时、真实地上报事故情况。

②用好。严格执行操作规程，精心爱护设备，不准设备带"病"运转，禁止超负荷使用设备。

③养好。操作人员必须按照保养规定，进行清洁、润滑、调整、紧固，保持设备性能良好。

2）"四会"。

①会使用。操作人员要熟悉设备结构、性能、传动原理、功能范围，会正确选用速度，会控制电压、电流、温度、流量、流速、压力、振幅和效率，严格执行安全操作规程，操作熟练，操作动作正确、规范。

②会维护。操作人员要掌握设备的维护方法、维护要点，能准确、及时、正确地做好维修保养工作，会保持润滑油清洁，做到定时、定点、定质、定量润滑，保障油路畅通。

③会检查。操作人员必须熟知设备开动前和使用后的检查项目内容，正确进行检查操作。设备运行时，应随时观察设备各部位运转情况，通过看、听、摸、嗅的感觉和机装仪表判断设备运转状态，分析并查明异常产生的原因。会使用检查工具和仪器检查、检测设备，并能进行部分解体检修工作。

④会排除故障。操作人员应能正确分析、判断一般常见故障，并可承担排除故障工作；应能按设备技术性能，掌握设备磨损情况，鉴定零部件损坏情况；按技术质量要求，能进行一般零部件的更换工作。排除不了的疑难故障，应该及时报检、报修。

3）"四项基本要求""五项纪律""润滑五定"。

①"四项基本要求"。操作人员必须针对设备及其周围工作场地做到以下4项要求：

整齐。工具、工件放置整齐，安全装置齐全，线路管道完整。

清洁。设备清洁，环境干净，各滑动面无油污、无碰伤。

润滑。按时加油换油，油质符合要求，油壶、油枪、油杯齐全，油毡、油线、油标清洁，油路畅通。

安全。合理使用，精心维护保养，及时排除故障及一切危险因素，预防事故。

②"五项纪律"。遵守安全操作规程；保持设备整洁，润滑良好；严格执行交接班制度；随机附件、工具、文件齐全；发生故障，立即排除或报告。

③"润滑五定"。定点，按规定的加油点加油；定时，按规定的时间加油；定质，按规定的牌号加油；定量，按规定的油量加油；定人，由操作人员和设备检修保养人员加油。

（4）班组讨论

1）你在设备使用中，曾经发现过事故隐患吗？发现隐患之后你会怎么办？

2）你知道设备磨损与故障规律吗？你能判断出你所使用的设备属于哪个时期吗？

3）你知道设备的"四会"要求吗？对照"四会"要求，你感觉自己还有哪些差距？

4）在设备使用中有"四项基本要求"，你在平时的操作中能够做到吗？你认为上述要求的标准高不高？

5）在设备操作中，你能够遵守安全操作规程吗？如果遇到急于下班的情况，你还会遵守吗？

四、设施安全程度不高引发的事故

在企业的生产作业中，安全与危险是可以相互转化的，没有永久的安全，也没有不变的危险。在疏忽大意的情况下，安全会转为危险；如果经过隐患排查治理，危险则可以转化为安全。这种安全与危险的相互转化，特别明显地体现在司空见惯的各种设施上。当设施刚刚投入使用时，安全程度通常会比较高，随着时间的推移，人们逐渐失去对危险因素的警惕性，且设施经过长时间磨损、老化，慢慢地由安全转化为不安全，如果人们对危险因素视若无睹、不加理睬，那么危险因素终究会有一天演变为事故。所以，当设施安全程度不高时，要特别加以注意，因为随着危险因素的增加，距离发生事故就不太远了。

56. 煤气管道排凝结水地坑井作业使用有缺陷工具人员中毒

2014年1月22日14时50分左右，陕西省西安市某材料成型有限公司（本案例中简称材料公司）发生煤气中毒事故，造成3人死亡、5人不同程度中毒。

（1）事故相关情况

材料公司成立于 2009 年 12 月 9 日，经营范围：船舶设备、石油设备、电力设备、电子设备的开发、安装、销售及维修、维护服务等。公司下设锻造一分厂、锻造二分厂、铸造分厂，锻造二分厂以煤气为主要生产供给能源，锻造一分厂和铸造分厂以电力为主要生产供给能源。事故发生时，该公司的 3 个生产单位处于试生产阶段。

（2）事故发生经过

2014 年 1 月 22 日 14 时左右，材料公司锻造二分厂使用煤气加热炉（煤气流量 1 500 m³/h）对工件凸轮轴进行加热，当工件加热到约 1 000 ℃时，温度上升较平时慢，火苗不稳定。二组组长张某某将情况报告给分厂副厂长刘某某，2 人认为煤气输送管道中积水影响到煤气输送，造成炉膛火苗不稳。经检查，车间内部煤气管道排水管没有积水，随即 2 人约顾某某（顾某某稍后来到出事地点）前往厂房外东南角煤气输送管道检修地坑内进行排水检修。由于排水阀门较紧，2 人用活扳手拆掉阀门手轮后，打开阀门排水（排水过程一般需要 10~20 min）。在排水管道积水未排完时，2 人随即离开排水地坑，前往车间观察煤气供应和炉温。

当积水基本排完后，煤气从排水管泄漏，造成地坑内煤气积累。经过 20 min 左右，张某某从车间来到排水地坑旁，在进入地坑内关闭阀门的过程中因吸入煤气中毒跌落坑底。刘某某见状进入坑内施救，施救过程中也中毒跌落坑底。顾某某见状跑回车间喊来员工千某、俞某、高某等多人共同进行救援（约 15 时）。顾某某在进入地坑施救过程中也中毒跌落坑底。

在救援过程中，高某拨打了"120"电话，通知切断煤气供应，并报告了材料公司总经理，又回车间喊来更多员工帮忙，先后将张某某、刘某某、顾某某3人救出地坑，进行了人工呼吸等急救，并将这3人及其他出现中毒症状和身体不适的人员用随后赶来的救护车和其他车辆送往医院救治。张某某、刘某某、顾某某3人经抢救无效相继死亡。

（3）事故原因分析

1）直接原因。

①作业人员忽视安全，使用有缺陷的排水作业工具，未落实地坑排水作业安全操作规程，严重违规操作，冒险进入排水地坑进行排放焦油、排水作业。地坑排水作业人员未坚守岗位，随意离开排水现场。排水作业前和施救时未进行作业现场有毒有害气体浓度检测，施救人员应急救援知识欠缺。有害气体聚集，作业场所狭窄，作业场地通风不良，以上因素是这起煤气中毒事故的直接原因。

②事故救援混乱，救援现场无人指挥，应急救援措施不当。当发现一人煤气中毒后，施救人员在未佩戴自给式空气呼吸器或隔绝式呼吸器的情况下冒险进入地坑进行救援，导致在施救过程中毒，造成伤亡扩大。

2）间接原因。

①材料公司安全管理松懈，安全管理责任和安全管理制度落实严重不到位，未制定有限空间作业安全责任制度、审批制度、现场安全管理制度、有毒有害物质检测作业管理制度、应急管理制度。

②制定的煤气管道检修排水作业操作规程不完善，缺乏针对性和可操作性，未安排专门的检修排水作业人员，临时排水作业既没有按照设备管道检修安全管理制度的要求办理有限空间作业许可证，也没有采取必要的安全防护措施。

③煤气管道排凝结水地坑井建设有一定缺陷，有限空间（排水地坑）作业，劳动组织不合理。对现场缺乏有效的监督检查，日常

安全检查流于形式。作业人员培训教育不够，安全知识欠缺，安全意识淡薄。

④组织制定的应急预案缺乏针对性和可操作性，未按规定组织应急演练。煤气供应建设工程未执行建设项目安全设施"三同时"制度，既未编制安全条件论证报告，也没有聘请有资质的单位编制安全设施设计（安全专篇），施工单位也无相应的安全资质，项目建设施工后也未进行安全设施竣工验收。未及时按照有关法律、法规申请新建厂房安全设施"三同时"竣工验收，违规组织生产。现场缺乏安全标志、职业危害警示标识。

（4）事故教训和相关知识

这起事故发生地点位于材料公司厂房外东南，与厂房主体建筑相隔一条厂区主干道，距厂房东侧 14 m，距厂房南侧 22 m。事故地点的煤气管道排水地坑长 1.3 m（南北），宽 1.2 m（东西），深 2.15 m，用方形砖砌成。地坑东侧有钢管爬梯，爬梯高 2 m，宽 0.53 m，梯级距 0.3 m，紧贴东侧坑壁；西侧安装一固定圆钢及角钢焊制的爬梯，状态牢固可靠。

事故发生时，地坑底部积水深度 0.45 m。顶部周围有水泥盖板 2 块，各长 1.47 m，宽 0.60 m，厚 0.12 m。排水管道从直径 350 mm 的煤气输送管道底部引出，通径 50 mm，引出后向北拐弯穿过排水坑与煤气管道地沟的隔墙，在排水地坑中部向西拐弯后安装有排水阀门，阀门出口由钢管经弯头引出，弯头出口朝向地坑底部，紧贴地坑西侧坑壁。排水管平面中心距坑底部 1 m。阀门为楔式闸阀。地坑中心距煤气管道地沟中心 1.15 m，阀门手轮中心距地面 1 m。煤气管道地沟为砖砌地沟，深 0.8 m，宽 0.9 m，上有水泥盖板。管道架设在角钢支撑上，管道中心距地沟平面 0.5 m，管道为东西走向。煤气管道与排水管道、排水阀门表面无锈蚀现象，油漆完好。

在这起事故中，2 名作业人员前往厂房外东南角煤气输送管道检修地坑内进行排水检修，由于排水阀门较紧，2 人用活扳手拆掉阀门手轮后，打开阀门排水（排水过程一般需要 10～20 min）。在排水管道积水未排完时，2 人随即离开排水地坑，前往车间观察煤气供应和炉温。当积水基本排完后，煤气从排水管泄漏，造成地坑内煤气积累。经过 20 min 左右，当人员进入地坑内关闭阀门的过程中，因吸入煤气中毒跌落坑底。

排水阀门手轮中心距地面 1 m，处于不高不低的位置，不进入地坑无法转动。由于排水阀门较紧，作业的 2 人使用活扳手拆掉阀门手轮后，估计是用扳手拧动手轮的轴心，才打开阀门。此处，作业人员忽视安全，使用有缺陷的排水作业工具。开启排水阀门是一项经常性的工作，对此应研究专门的开启与关闭排水阀门的工具，这个工具可能并不复杂，但远远要比活扳手好用，还可以使作业人员站在地坑上面操作，无须进入地坑，也就避免了人员煤气中毒的危险。

57. 电机检修位置两侧无防护栏杆电工高处坠落

2015 年 2 月 19 日，某厂检修车间一名电工在为给料仓振动泵电机接线时，因脚下踩滑，从 8 m 高处跌落下来，受重伤。

（1）事故发生经过

2015 年 2 月 19 日 3 时 20 分左右，某厂检修车间一班电工张某某接调度电话，为炼钢车间 1 号合金烘烤炉给料仓振动泵电机接线。张某某从煤气分气包平台下到 1 号合金烘烤炉给料仓振动泵位置过程中，因脚下踩滑，从给料仓振动泵处跌落至下方通道上（高度约 8 m）。经医院诊断，张某某盆骨爆裂性骨折、左肘关节脱位伴左桡骨远端骨折。

（2）事故原因分析

1）直接原因。

①张某某在高处作业中未按规定使用安全带，冒险作业导致高处坠落。

②给料仓振动泵电机检修位置两侧无防护栏杆，缺乏有效防护。

2）间接原因。

①张某某进行该临时性检修作业时，未签检修确认卡并挂牌检修，违章作业。

②张某某所在的一班对高处作业管理不到位，一同作业的李某某未起到互保监督作用。

③检修车间在危险源辨识与风险评价中，未对合金烘烤炉区域电机接线等有关高处作业活动的危险进行识别，员工安全教育不到位。

（3）事故教训和相关知识

这起事故的发生有两个因素：一是电工在高处作业中未按规定使用安全带，冒险作业；二是电机检修位置两侧无防护栏杆，缺乏有效防护。电机检修位置距离地面有 8 m 的高度，在这么高的高处进行作业，难道电工本人没有感觉危险吗？为什么不按规定使用安全带呢？检修作业与高处作业有所不同，检修作业的时候人处于动态，需要来回走动，而简单的高处作业人往往处于静态，不需要来回走动。这可能是电工高处作业不使用安全带的主要原因。

对于企业来讲，事故隐患可分为一般隐患和重大隐患。一般隐患是指危害和整改难度较小，发现后能够立即整改排除的隐患。重大隐患是指危害和整改难度较大，应当全部或者局部停产并经过一定时间整改治理才能排除的隐患，或者指因外部因素影响致使企业自身难以排除的隐患。在这起事故中，给料仓振动泵电机检修位置两侧无防护栏杆，人员在检修、清理卫生的时候缺乏有效保护，这应该属于事故隐患。这个事故隐患毫无疑问应该属于一般隐患，发现之后很快就能安装护栏、整改完成，关键是重视还是不重视。这起事故发生前，如果安装有护栏，那么事故发生的可能性就会大大降低。

事故之后，事故企业在整改措施中，要求对安全设施进行完善，确保防护有效（可以考虑设置防护护栏、楼梯，安装活动式检修平台等）。同时要求各车间切实负起检修作业区域属地管理责任，要以该事故为教训，认真组织学习，举一反三，对照检查、梳理管理制度、危险源（点）辨识、安全教育培训等安全基础管理工作，要树立"管理缺陷是最大的隐患"意识，消除管理漏洞，各级各岗位人员必须认真履行好自己的岗位职责，一级对一级负责，层层把关，真正杜绝事故发生。

58. 设备未安装防护设施人员在干选机运行时操作导致机械伤害

2017 年 5 月 23 日 19 时 30 分，河北省滦平某矿业有限公司（本案例中简称矿业公司）发生一起机械伤害事故，造成 1 人死亡，直接经济损失约 100 万元。

（1）事故相关情况

矿业公司成立于 2004 年 2 月，为采选合一的选矿企业，面积为 1.2 km²，可采矿石储量过亿吨。

（2）事故发生经过

2017 年 5 月 23 日 19 时 30 分，矿业公司碎矿车间工人白某某、刘某某和班长祁某某在悬浮式干选机作业。白某某在调整进料斗翻板时，没有按照操作规程规定先停止设备运转，就直接上到料斗上进行调整（该设备为新安装设备，正在试生产，未安装操作平台和护栏），不慎左脚滑入进料斗，致使左腿小腿大部分被卷入挤压辊。

班长祁某某发现后，立即将其抱住，并让刘某某马上切断电源，停止机器运转，随后组织救援，同时向总经理梁某某报告情况。5 min 后，车间主任张某某到达现场，用气割将干选机主轴割断，于 20 时 30 分左右将白某某救出。在此期间，白某某意识清醒，语言表达清晰。将白某某救出后，班长祁某某用腰带将他的左腿捆绑止血，并安排车辆将其送往医院抢救。当日 22 时 5 分，白某某经医院抢救无效死亡。

（3）事故原因分析

1）直接原因。白某某违反操作规程，没有按照悬浮式干选机操作规程相关规定，先停止设备运行，再调整进料斗翻板，而是在干选机正常运行的情况下到进料斗上违章操作，从而导致事故发生。

2）间接原因。

①矿业公司日常管理不到位，员工安全意识淡薄。安全科未及时进行隐患排查，对员工日常管理不到位，导致白某某违章操作并造成严重后果。

②矿业公司安全生产责任、安全管理制度落实不到位。矿业公司对员工安全管理、安全教育培训不到位，导致白某某违反操作规程，在机械设备未停止工作的情况下违章操作并造成严重后果。

③矿业公司对设备管理不到位。未对悬浮式干选机安装护栏、平台等防护设施，盲目进行试生产导致事故发生。

（4）事故教训和相关知识

这起事故的发生，一方面是在干选机正常运行的情况下到进料斗上违章操作，另一方面是未对悬浮式干选机安装护栏、平台等防护设施。在正常的生产作业中，设备上的护栏、平台等防护设施并不起眼，许多情况下，这些防护设施也使用不上，只有在进行设备调整、检修维护等作业时才会使用。这样往往会给人们一种错觉，似乎设备上的护栏、平台等防护设施可有可无，即使没有也能正常生产作业。其实并不然，当没有这些安全防护设施时，危险就会接踵而至，导致事故发生。

企业安全管理的一个重要任务，就是排查事故隐患，进行风险管控、未雨绸缪、预防在先，把事故消灭在隐患阶段。从逻辑思维角度分析，排查事故隐患应有危害辨识，找到危害并发掘危害转变为隐患的方式、可能性、暴露情况、后果评估等，采取分级管控措施。企业生产作业中的隐患，有人的因素、物的因素、管理因素等方面。进行隐患排查、风险管控，就是全过程预防，其中包括对安全防护设施隐患的排查和风险管控。

对这起事故，事故企业要严格落实责任制度、管理制度，按照国家有关规定加强主要负责人、安全管理人员和特种作业人员的管理，加强对企业员工的安全培训，认真开展员工"三级安全教育"及其他培训工作，严格遵守安全操作规程。要在全公司范围内开展全厂安全警示教育活动，对此次事故进行通报，认真总结事故发生的原因，让每一名员工都从中吸取事故教训，提高员工的安全防范意识，杜绝各类生产事故发生。要进一步完善公司各项规章制度，明确各岗位职责，加强安全管理。深入开展作业风险排查防控工作。立即组织员工再次对工作所涉及的作业风险进行全面排查，将以往遗漏或未重视的作业风险查找出来，组织骨干人员开展风险评价，制定出可操作性强、切实有效的风险管控措施，在工作中严加落实。

59. 违章穿越运行皮带下方狭窄空间导致机械伤害

2017 年 8 月 29 日 5 时 20 分左右，河北省隆化县某矿业有限责任公司（本案例中简称矿业公司）破碎车间发生一起机械伤害事故，造成 1 人死亡，直接经济损失 100 万元。

（1）事故相关情况

矿业公司始建于 2003 年，年产铁精粉 60 万 t、磷精粉 10 万 t。

该公司破碎系统是将储矿堆场的原矿经装载机直接卸入旋回破碎机（粗碎）的给矿口，粗碎矿石经皮带运至中细碎车间圆锥破碎机进行中碎，其排矿经过皮带运至筛分车间进行筛分，筛上产物经皮带运送至中细碎车间的缓冲仓中，经给料机给入短头圆锥破碎机中进行细碎，细碎产品进入筛分车间闭路破碎，筛下产物成为最终破碎产品经皮带运入矿粉仓。皮带输送机在运行时，均配置开车预警信号装置、电气机械联锁装置、拉线保护装置。公司破碎车间筛分工序设备一字整齐排列 16 台筛分机组，每套筛分机组由一台振动筛和一台皮带输送机及相关设施组成，发生事故当天三班生产作业。

（2）事故发生经过

2017 年 8 月 29 日 5 时 20 分左右，该公司筛分工李某某巡检到 13 号筛分机组时，发现筛分工冯某卡在皮带下，左小臂手心向上夹在皮带和托辊之间，头靠在左臂上。李某某立即按下控制箱停车按钮，停止了皮带输送机和振动筛运行。停车后，李某某去拉冯某，没有拉动，然后去找人，遇到郭某某，郭某某打电话通知班长焦某某。5 时 27 分左右，李某某和郭某某一起回来再拉冯某，还是没有拉出来，李某某又尝试扛皮带，依然无果。5 时 32 分左右，班长焦某某过来时，看到冯某左手小臂夹在皮带和托辊之间，喊他无反应，3 人尝试仍未将其拉出。后李某某、郭某某和焦某某 3 人扛皮带仍无法救出冯某，最后由李某某和郭某某扶着冯某，班长焦某某用壁纸刀割断皮带将冯某救下。冯某当时有呼吸，喊他无反应，有体温。焦某某随即拨打了报警电话和"120"急救电话。5 时 40 分左右，值班领导到现场后，立即指派人员将冯某送往隆化县医院救治。冯某经抢救无效，于 8 月 29 日 7 时 30 分左右死亡。

（3）事故原因分析

1）直接原因。筛分工冯某在当班期间违章穿越运行皮带的下方狭窄空间，被运行中的皮带卷入，发生机械伤害事故致死。

2）间接原因。

①发生事故的 13 号皮带输送机回程托辊与皮带形成的易挤夹部位无防护网。

②企业现场安全管理人员未能及时发现并制止员工的违章行为。

③企业员工安全意识淡薄，风险辨识能力不强，没有意识到违章作业的危险。

④企业隐患排查不彻底，未及时发现事故隐患。

（4）事故教训和相关知识

机械设备在运行过程中存在危险，如机械伤害危险、电气危险、热（冷）的危险、由噪声引起的危险、由振动产生的危险、在机械设计中由于忽略了人类工效学原则而产生的危险等。为了预防危险对作业人员造成伤害，对机械设备的一个基本安全要求，就是要根据具体情况，装设合理、可靠、不影响操作的安全装置。例如，对于进行旋转运动的零部件，应装设防护罩或防护挡板、防护栏杆等安全防护装置，以防人员被绞伤、压伤、挤伤。在这起事故发生前，如果装设了类似的安全装置，那么就有可能避免事故的发生。

事故之后，事故企业认真分析事故发生的原因，深刻吸取事故教训，计划聘请有资质的安全生产中介机构或专家对企业逐岗位、逐工艺、逐部位进行全面排查，建立、健全风险管控和隐患排查治理双控体系，并严格考核运行情况，落实安全防范措施，确保生产安全。同时加强员工的安全警示教育和培训，全面提高员工的安全意识、操作技能和应急处置能力。

60. 埋地管道因受车辆碾压焊口开裂煤气泄漏人员中毒

2017 年 3 月 4 日 12 时 35 分左右，河北省唐山市某燃气有限公司（本案例中简称燃气公司）位于某能源化工股份有限公司（本案例中简称化工公司）贸易部范各庄销售部煤场西北侧围墙外的煤气管道发生泄漏，泄漏的煤气通过排水沟逸出，致化工公司贸易部范各庄销售部 1 名员工煤气中毒死亡，2 名员工受伤，直接经济损失 80 万元。

（1）事故相关情况

燃气公司成立于 2003 年 4 月 30 日，经营范围：城市燃气管网输配系统工程开发、管道燃气（天然气、煤气）销售、燃气管道输送等。公司下设安全生产部、收费稽查部、工程部、综合部、财务部、维修所、天然气门站、抽巡队、技术部、调度室，共有员工 158 人，专职安全管理人员 18 人。

发生泄漏的管道为唐山市古冶区中压燃气输配干线，铺设时间为 2009 年。管线材质为 Q235B 钢管，管线长度 5 500 m，起点为古范路老国义路口，终点为某焦化厂（本案例中简称焦化厂），管道埋地深约 1.4 m。事故发生区域系原范各庄矿煤矸石堆场，在平整场地时，未对原地下煤矸石层进行挖掘，事故发生区域地面下约 1 m 为松散的煤矸石层。

（2）事故发生经过

2017 年 3 月 4 日，化工公司贸易部范各庄销售部区域内共有 9 人在岗，其中销售部煤场 5 人，梁某某一人在煤场办公区域工作，其余 4 人在煤场工作；计控分部 2 人，冯某某在磅房工作，另一人在煤场工作；销售部办公区李某某等 2 人在岗。

10 时 20 分左右，梁某某发现所在办公室突然起火，便使用干粉灭火器进行扑救，但火势未得到控制。梁某某在灭火过程中被轻微烧伤，于是立即将情况报告了现场股股长朱某某。接到报告后，朱某某立即向范各庄矿救护队报告。约 10 时 30 分，救护队到达现场，立即切断电源，并组织灭火，其间听到爆炸声。约 12 时，明火被扑灭，但屋内仍有烟冒出（因存在危险，没有派人进入查看）。

12 时 35 分，现场人员意识到可能有气体泄漏，便开始组织人员撤离。计控分部员工王某电话通知司磅工冯某某撤离，但电话始终无人接听，便跑到磅房找冯某某。王某打开磅房门后闻到刺鼻的气味，便立即喊来电工刘某和现场一名警察，发现冯某某倒在磅房厕所处。发现情况后，3 人迅速将冯某某抬到磅房门外，并通知现场救护队进行救援。救护队人员对冯某某实施了心肺复苏，随后将其送往范各庄矿医院进行抢救。13 时 12 分，冯某某经抢救无效死亡。13 时 30 分，参与事故救援的销售分部经理彭某某回到销售部办公区，发现员工李某某倒在值班室内，随即通知救护队将其送往范各庄矿医院进行救治。

3 月 4 日 13 时 10 分左右，燃气公司调度室值班员金某某接到范各庄销售部报修电话，称燃气泄漏。金某某立即通知值班经理梁某，并通知巡检车赶赴现场。值班经理梁某接报后，带领应急处置人员于 13 时 40 分左右到达现场，并在中途电话报公司总经理崔某某，同时启动应急预案。到达现场后，抢修人员立即对事故管道上方土壤进行打孔检测，经检测未发现异常，但在范各庄销售部区域内检测出煤气。抢修人员于 14 时 30 分关闭焦化厂供气阀门，15 时关闭另一焦化厂供气阀门，并组织放散。至 3 月 4 日 20 时，按照事故现场应急处置方案的安排，相关部门对事故周边所涉及的化工公司贸易部范各庄销售部及范各庄矿厂区内所有排水沟进行了气体检测，未发现有毒有害气体，排除了发生次生事故的可能。随后燃气公司组织 60 余名抢险人员和 15 台燃气抢险救援车辆，连夜对管道泄漏范围展开挖掘，查找煤气泄漏点，抢修泄漏管道。至 3 月 5 日 10 时左右，煤气泄漏点被找到。

（3）事故原因分析

1）直接原因。发生事故的埋地管道因受地面载重货车碾压，管道弯头焊口开裂，瞬间煤气大量泄漏。煤气泄漏后，在压力作用下沿松散的煤矸石层缝隙，窜入化工公司贸易部范各庄销售部地下排水沟，部分煤气沿煤矸石层缝隙涌出地面，造成人员中毒和起火燃烧。

2）间接原因。

①隐患排查治理不到位。燃气公司在日常巡查过程中，对非规划设计道路下埋地煤气管道受载重货车碾压的情况未引起足够的重视，未及时采取有效措施予以制止，致使地下煤气管道长期受载重货车碾压，为事故发生埋下了隐患。

②安全管理不到位。燃气公司虽然在管线西侧设置了标志桩，但未按照相关规定要求在管道上方设置警示标志，致使载重运输车辆在管道上方任意通行。

（4）事故教训和相关知识

这起事故主要是事故隐患排查治理不到位，由于煤气管道埋在地下看不见，于是疏忽大意，误认为煤气管道都是钢管，不会发生泄漏，因此在事故隐患排查工作中没有把这项内容列入检查表，在日常安全管理工作中也没有予以关注。

事故隐患是指作业场所、设备及设施的不安全状态，人的不安全行为和管理上的缺陷。事故隐患是引发事故的重要因素。事故隐患具有以下特性：一是隐蔽性，即具有隐蔽、藏匿、潜伏的特点，是不可明见的灾祸，是埋藏在生产过程中的"隐形炸弹"。二是突发性，即任何事都存在量变到质变、渐变到突变的过程，隐患也不例外。集小变而为大变，集小患而为大患是一条基本规律。三是因果性，即隐患是事故发生的先兆，而事故则是隐患存在和发展的必然结果。四是重复性，即事故隐患治理过一次或若干次后，并不等于隐患从此销声匿迹，永不发生了，也不会因为发生过一两次事故，就不再重复出现类似隐患。五是特殊性，即隐患具有普遍性，同时又具有特殊性。由于"人、机、料、法、环"的本质安全水平不同，其隐患属性、特征是不尽相同的。

要保障企业安全生产，就要善于发现和辨别事故隐患。无数事故分析证实，隐患是事故的成因，多一个隐患就多一个发生事故的危险。同时，隐患也是变化的，有生产活动就会出现隐患，老的隐患解决了，可能出现新的隐患。有的隐患是动态的，有的是静止的；有的隐患会反复产生；有的隐患是直观的，有的是潜在不易被发现的。有些隐患会随着时间而发展变化，有的隐患会在瞬间发生裂变。认识隐患是预防隐患的重要前提，要运用监测监控手段、管理手段、技术手段，做好发现、消除隐患的工作，防止隐患产生，这就要求在设计、制造、安装、生产过程中不留下隐患。开展经常性安全检查，及时消除隐患，不给隐患留有产生和发展的机会。

这起事故之后，事故企业应立即开展安全大检查，全面排查并及时消除各类事故隐患。要切实采取可靠措施，杜绝车辆碾压埋地燃气输送管道情况的发生。要加强安全教育培训，加强对重点岗位和管线巡检人员的教育培训，教育员工自觉严格遵守各项安全规定，从本质上提升员工的安全意识、业务水平。要进一步完善岗位安全责任，将输送管道是否受到碾压和警示标志是否齐全、完好明确列入日常巡检职责范围。要深入开展风险辨识管控和隐患排查治理体系建设，制定风险管控和隐患排查治理清单，并逐项进行落实。

61. 作业人员碰倒处于不安全状态的围栏高处坠落

2015年11月2日13时55分左右，在上海某发电有限公司（本案例中简称发电公司）预留的2号栈桥灰管桁架区域，上海某防腐保温工程有限公司（本案例中简称工程公司）作业人员在作业过程中，发生1起高处坠落事故，造成1人死亡。

（1）事故相关情况

工程公司成立于1999年9月，经营范围：筑炉、玻璃钢冷却塔安装，焊口热处理，防水、防腐保温施工等。

2015年6月30日，发电公司与工程公司签订施工合同，对循环水泵房、工业水池、2号栈桥灰管桁架区域等进行施工。双方同时签订承发包工程安全协议，要求"乙方（工程公司）施工人员应对所在的施工区域、作业环境及所使用的设施设备、工（用）具等进行认真检查，发现隐患立即停止施工，并经落实整改后方准继续施工"。

双方还约定，对一些严重锈蚀且缺失的钢围栏，由工程公司直接给予更换；对于部分已有松动情况的钢围栏，由工程公司根据钢围栏的实际情况，经确认后，采取加固或者更换的整修措施。发电公司最后根据工程公司实际作业量给予结算。

（2）事故发生经过

2015年10月30日，工程公司当班作业长李某某带领班组成员，开始对2号栈桥灰管桁架区域进行油漆防腐作业。作业前，李某某对桁架上的钢围栏采取人工摇晃的方式进行检查，对于支撑桁架平台处的钢围栏采取目测的方式进行检查。

11月2日上午，倪某某等人（已完成工程公司的"三级安全教育"）到发电公司参加进厂培训。13时20分左右，倪某某完成进厂培训后，来到 2 号栈桥灰管桁架区域参加油漆防腐作业。李某某在未指派现场临时负责人的情况下，离开现场到厂部办事，同时也未根据要求，落实现场施工人员变更手续。

13 时 55 分左右，倪某某离开正在进行防腐油漆作业的桁架区域，独自一人站立在支撑桁架的平台区域，突然随同一段栏杆一起坠落到河道护坡上，并滚落至河塘内（坠落高度约 10 m）。

事故发生后，同在现场作业的人员立即从河道中将倪某某救出，经"120"救护人员现场抢救无效死亡。事故造成直接经济损失约 86 万元。

（3）事故原因分析

1）直接原因。作业人员碰倒处于不安全状态的围栏，导致发生高处坠落事故。

2）间接原因。

①整修油漆施工作业前，作业班组对作业环境开展的隐患排查工作不仔细，未能认真检查作业区域钢围栏的状况。

②施工作业过程中，人员组织不严密，随意变更施工作业人员，且未及时办理变更手续；班组长离开作业现场前，未安排现场临时负责人。

（4）事故教训和相关知识

事故之后，现场勘查发现以下情况：事故发生地点位于发电公司预留 2 号栈桥灰管桁架区域支撑桁架的平台上，该平台离地高度约 10 m，平台部分栏杆缺失，缺失的栏杆被发现于平台下方的河塘内。经过检查，现场的 3 个立柱预埋件角焊缝在雨水、空气（临近海边湿度大、盐分高）的作用下产生严重腐蚀，在外力的作用下，焊缝少数连接部位及预埋件四周的混凝土连接部位断裂，导致整个栏杆失效。作业人员碰倒已处于不安全状态的围栏，导致发生高处坠落事故。

有这样一个历史典故：盲人骑瞎马，夜半临深池。说的是东晋时期，几位文人坐在一起议论危险。有人说："百岁老翁攀枯枝。"意思是说，年纪很大的老人悬挂在一根干枯的树枝上，自然危险。有人接着说了一句："井上辘轳卧婴儿。"即井台上的辘轳上睡着一个婴儿，似乎更危险。这时有人接口说道："盲人骑瞎马，夜半临深池。"意思是，一个盲人骑着一匹瞎马，深更半夜走到一个深水池边，能不危险吗？于是，这话说出之后，把大家吓了一跳。在这起事故中，发生事故的作业人员与"盲人骑瞎马，夜半临深池"类似，对周围的环境、设施情况不了解，独自一人走到平台边上，不管不顾依靠在栏杆上，不料早已经腐蚀的栏杆无法承受压力，从高处坠落，而人也随之坠落。在生产作业中，为什么要有班前会、技术交底等要求？目的之一，就是介绍和告知环境、作业所存在的具体危险，了解了危险，也就有了相应的警惕性，能够有助于预防危险和事故。

事故之后，业主单位应全面排查企业围栏及其他设施的事故隐患，要充分认识到厂区临海、设施容易腐蚀的现状，结合实际情况，合理调整检验检测及维修周期，及时发现并消除事故隐患。

62. 下井更换放气阀未使用安全设施人员硫化氢中毒

2014 年 7 月 2 日 19 时 50 分，河北省邢台市某污水处理厂（本案例中简称污水处理厂）员工，在邢台市二中北校区南侧某汽贸公司（本案例中简称汽贸公司）工棚放气井内更换放气阀过程中发生中毒事故，造成 2 人死亡、1 人受伤，直接经济损失 95.32 万元。

（1）事故相关情况

污水处理厂位于邢台市东北约 6 km 的白马河南岸，日设计处理能力 10 万 t。

污水处理厂污水管网始于桥东区大吴庄泵站,途经市二中北校区门前至白马河南岸污水处理厂北池,污水管外径 1.3 m,全长 6 km,共设有 4 个放气井。此次事故放气井位于市二中北校区南侧汽贸公司工棚内,井口直径约 0.7 m,井深 2.7 m。

(2)事故发生经过

2014 年 4 月底,污水处理厂发现市二中北校区南侧汽贸公司工棚放气井内的放气阀不能正常使用。6 月 4 日,厂长办公会决定,由牛某、郝某某配合秦某某对放气阀进行更换,明确更换时要注意安全,加强通风。7 月 1 日,新放气阀到厂,秦某某向常务副厂长徐某某请示更换放气阀工作,徐某某交代作业时让李某去,他经验丰富。2 日,放气阀配件到厂,徐某某告诉秦某某可以更换放气阀了,秦某某说具体时间再定。2 日 17 时 30 分,秦某某组织行政科临时工曹某某用其三轮车装运新放气阀门及配件。17 时 32 分,秦某某电话通知李某作业,李某因家中有事未能参加。17 时 40 分,秦某某电话通知郝某某,郝某某说在学校接孩子。18 时左右,秦某某与曹某某到达预定放气井,下井开始拆除旧阀门。19 时许,郝某某到达放气井,发现秦某某、曹某某未戴防毒面具,问其为什么不戴防毒面具,要求停工。秦某某并未在意。郝某某未下井,在井上监护。19 时 50 分,新放气阀更换完毕后,在打开下部闸阀的瞬间,有毒有害气体迅速大量释放出来,造成在井内作业的秦某某和曹某某中毒,井上监护人员郝某某发现后,急忙叫来汽贸公司的程某某查看帮忙,随后程某某拨打"110"电话,郝某某拨打了"120"和"119"电话。

事故发生后,郝某某电话报告了常务副厂长徐某某,徐某某电话报告了厂长杨某某,并通知尚某某、曹某到事故现场参加救援。经消防队员和其他人的救援,20 时 30 分,中毒人员秦某某、曹某某、郝某某被送到邢台市人民医院抢救。秦某某、曹某某经抢救无效死亡，郝某某入院治疗。

（3）事故原因分析

1）直接原因。作业人员违反有限空间和有毒有害作业操作规程，在未采取任何防护措施的情况下，下井更换放气阀，污水管道中的高浓度硫化氢（高于最高职业接触限值2倍）等有毒气体大量急速释出，造成作业人员中毒窒息死亡。

2）间接原因。

①企业的安全教育培训不到位。临时工曹某某未经井下作业安全教育培训，秦某某、郝某某虽经安全教育，但未经考核。

②企业安全生产规章制度落实不到位。作业人员未按照有限空间作业操作规程开具作业票，未落实各项安全措施。

③企业安全生产应急管理不到位。作业人员未制定现场应急处置方案，未配备必要的应急装备及器具，如空气呼吸器、安全绳、通风机等。

（4）事故教训和相关知识

这起事故的发生，一方面是作业人员疏忽大意。作业中别人问："为什么不戴防毒面具?"作业人员回答："没事，如果有事早有事了。"这是典型的"无知者无畏"。因此，企业的安全教育培训不到位，是导致事故的间接原因。另一方面则是未配备必要的应急装备及器具，如空气呼吸器、安全绳、通风机等。作业人员用三轮车装运新放气阀门及配件到作业地点，却没有同时将空气呼吸器、安全绳、通风机等必要设施一同带去，这对于经常进行污水井作业的人员来讲有些不可思议。许多硫化氢中毒事故的受害者，往往是偶尔进入污水井、电缆井，由于"偶尔"，设备设施准备不足，事出意外、猝不及防，结果导致中毒。这起事故则是有相关设施，却没有带到作业现场。如果将空气呼吸器、安全绳、通风机等必要设施一同带到作业现场，在作业前进行通风，作业中身上捆绑安全绳，戴着空气呼吸器，那么即使打开下部闸阀的瞬间，有毒有害气体迅速大量释放，也不会危及作业人员的生命。

事故之后，相关企业应吸取事故教训，做好以下几项工作：一是要建立、健全安全生产责任制，明确安全责任，从而在全厂建立起纵向到底、横向到边的安全生产责任制体系，做到"安全生产，人人有责"。二是要完善安全教育培训制度，严格落实员工"三级安全教育"，以此开展全员警示教育，严格安全培训考核制度，凡考核不合格人员严禁上岗作业。三是要从实际出发，建立、健全安全生产规章制度，严格执行有限空间作业审批制度，落实各项安全措施。完善应急管理体系，配备通风机、监测仪等有效的应急装备和器材，完善现场处置方案，强化培训与演练，确保作业人员掌握必要的应急处置措施。四是采取多种措施，严格规范员工的作业行为，杜绝"三违"现象，防止类似事故再次发生。

◤ 63. 修理破碎机配重轮时东西两侧未放置防倾倒设施人员被压致死

2011 年 3 月 21 日，北京某机械有限公司 2 名员工在修理颚式破碎机配重轮时，一名员工不慎被翻倒的配重轮压住，现场人员将其救出后送往医院抢救，该员工经抢救无效死亡。

（1）事故发生经过

2011 年 3 月 21 日，北京某机械有限公司一车间班长高某，安排王某、吕某一起修理颚式破碎机配重轮轮孔内径。颚式破碎机配重轮为圆形，直径 1 530 mm，宽 370 mm，轮孔内径 200 mm，重约 1.2 t。王某、吕某 2 人完成修理后开始进行安装，安装过程中由于颚式破碎机配重轮内径不匹配，未能安装成功。王某和吕某便用千斤顶把配重轮拆下来，放在车间地面上。随后，吕某控制电动单梁起重机开关，王某扶着配重轮，将配重轮用电动单梁起重机吊到修理位置地面上。由于配重轮吊装位置不合适，吕某控制电动单梁起重机开关将吊绳放松后，由王某、吕某将配重轮向北推动约 10 cm。调整到便于修理的位置后，王某、吕某用一根螺杆倚在配重轮南侧，并将一把自制焊锤倚在配重轮北侧，配重轮东西两侧未放置任何防倾倒设施。此时，配重轮南北直立放置，并且电动单梁起重机的吊绳处于倾斜状态。王某坐在配重轮东侧的椅子上，面朝西，用手持电动磨锯打磨配重轮轮孔内径。吕某由于眼睛进了异物便走出了车间，王某进行打磨作业约 1 h。

11 时 10 分许，一名工人路过时听到王某呼救，随后，该名工人和班长高某一同前往现场查看。此时，2 人发现王某坐在地上，面色苍白，配重轮正压在王某的小腹上。2 人利用电动单梁起重机将压在王某小腹上的配重轮吊走后，现场的工人将王某抬出，随即车间班长拨打了"120"急救电话。25 min 后，"120"救护车来到现场把王某送往医院进行抢救，王某经抢救无效死亡。

（2）事故原因分析

1）直接原因。该机械有限公司维修颚式破碎机配重轮时，配重轮东西两侧未放置防倾倒设施，南北两侧未设置专用止挡等安全保险装置，致使员工王某在用电动手持磨具进行颚式破碎机配重轮轮孔内径打磨时，颚式破碎机配重轮失稳倾倒。

2）间接原因。

①该机械有限公司未落实安全检查制度，未及时检查发现并消除配重轮东西两侧未放置防倾倒设施、南北两侧未设置专用止挡等安全保险装置的事故隐患。

②王某和吕某在维修配重轮时采取的安全措施不当。

③该公司管理人员未履行职责及时检查、消除公司一车间存在的生产安全事故隐患；公司安全管理人员未组织制定、监督实施临时维修较大工件安全措施方案。

（3）事故教训和相关知识

在这起事故中，如果2名员工修理颚式破碎机配重轮轮孔内径，属于经常性的工作，在配重轮修理时不设置安全保险装置，就是车间安全管理工作存在疏漏，对作业危险性认识不足。

生产作业中所存在的危险性，通常用危险概率和危险严重度来表示。危险概率是发生危险的可能性，它可用定量的方法来表示，一般用单位时间内，人员、项目或活动出现危险的概率来表示。危险严重度是对危害造成的最坏结果的定性，即由人的失误、不安全的环境条件、设计缺陷、措施不当等造成的最严重后果来定性。危险概率和危险严重度都是比较抽象的概念，应用在具体的实际作业中比较困难。但是在这起事故中，危险就明明白白呈现在眼前。如果是偶然性的作业，可以搬几块重物支撑在配重轮的四周预防倾倒；如果是经常性的作业，那么从危险概率和危险严重度来讲，就应该制作专门的预防倾倒的设施或工具，来预防可能发生的事故。

对事故企业来讲，在维修较大工件时，应做好安全措施方案，并对作业人员进行安全技术交底，使作业人员了解和熟知作业过程中安全设施、机械使用等安全技术要求和技术性能，从而按有关规范、操作规程作业，达到安全生产的目的。作业人员也应加强安全知识学习，提高安全操作技能，强化自我保护意识；企业应重视安全管理工作，加强对工作过程的监督检查，发现隐患及时消除。

64. 未将运送粉料塑料桶加盖密封导致粉料爆炸

2010 年 8 月 31 日 14 时 20 分左右，北京某机械有限公司（本案例中简称机械公司）工人在弯头机合成陶瓷管弯头作业过程中，发生 1 起爆炸事故，造成 1 人死亡、1 人重伤、1 人轻伤，直接经济损失 75 万元。

（1）事故相关情况

机械公司成立于 2001 年 7 月，经营范围：陶瓷复合钢管、耐磨钢管、耐磨陶瓷钢管、陶瓷钢管生产和销售。

（2）事故发生经过

2010 年 8 月 31 日 14 时 20 分左右，机械公司工人刘某某等 2 名工人在弯头机合成陶瓷管弯头作业过程中，弯头机离心合成过程产生的火花溅射到运送粉料的塑料桶（装有 2.1 kg 粉料，放在储料间旁的三轮车上）内，粉料起火燃烧。在 2 人去取灭火器时，火势引发储料间（储存 77% 三氧化二铁和 23% 银粉的混合物 300 kg）爆燃，造成正在相邻跨厂房作业的刘某、和某、赵某某 3 名工人受伤。3 人随即被送往医院救治，其中刘某经抢救无效死亡。

（3）事故原因分析

1）直接原因。现场作业工人刘某某安全意识淡薄，违反相关规定要求，未将运送粉料的塑料桶加盖密封，且在弯头合成作业时运送粉料，导致发生人员伤亡事故。

2）间接原因。

①机械公司安全检查等管理制度落实不到位，未及时发现弯头机在运转时现场作业工人容易出现违章作业的事故隐患。

②现场管理人员未及时发现在弯头机合成陶瓷管弯头作业时，储料间及工人运送的粉料与弯头机之间的安全距离不够（不足 10 m）

的事故隐患。操作人员在运送粉料过程中距明火不得少于 10 m。

③机械公司安全教育培训落实不到位，导致现场作业工人安全意识淡薄，未严格执行相关安全技术操作规程要求。

（4）事故教训和相关知识

在这起事故中，起火燃烧的粉料主要成分为三氧化二铁和银粉。三氧化二铁又称为氧化铁，为红棕色粉末，主要用于油漆、油墨、橡胶等工业中，可用作催化剂和玻璃、宝石、金属的抛光剂，也可用作炼铁原料。三氧化二铁要求密封储存于阴凉、干燥、通风良好的库房，远离不相容材料。银粉因具有银白色金属光泽，所以俗称铝银粉或银粉，其化学成分实为铝，并非银。银粉主要应用于粉末涂料、油墨、印刷、仿金纸、纺织品中。

现场作业工人在使用三轮车运送粉料时，没有在盛装粉末的塑料桶上加盖密封，在经过弯头合成作业点时，由于距离过近，火花溅射到粉料上，粉料起火燃烧（应该是银粉发生燃烧），由于事发突然，就在准备使用灭火器灭火时，粉料发生爆燃，导致发生人员伤亡事故。

对生产企业来讲，对于事故预防与控制的切入点，应从安全技术、安全教育、安全管理 3 个方面入手，采取相应措施。安全技术措施着重解决物的不安全状态问题，安全教育措施主要使员工知道应该怎么做，而安全管理措施则是要求员工必须怎么做。从现代安全管理的观点出发，安全管理不仅要预防和控制事故，而且要给企业员工提供一个安全、舒适的工作环境。以此作为出发点，安全技术措施在理论上应是首选。因为无论是安全教育还是安全管理，都不能完全避免人的失误或人的不安全行为。所以，预防此类事故，从技术措施上，应该着重盛装粉料塑料桶的改进；从人员安全教育上，要侧重相关安全知识的讲授，使作业人员了解为什么要这样做；从安全管理上，应加强安全检查，及时消除事故隐患。

65. 石灰窑未设置一氧化碳监测报警装置人员中毒

2015 年 10 月 13 日 5 时 45 分左右，河北省承德市平泉县某石灰厂（本案例中简称石灰厂）发生一起中毒事故，造成 3 人死亡，直接经济损失约 300 万元。

（1）事故相关情况

石灰厂成立于 2009 年 4 月，占地面积 18 000 m²，厂区东部为生产区，建筑面积 2 600 m²，厂区西部为生活办公区，建筑面积 1 000 m²。生产区建有 6 座节能环保型石灰立窑，由西向东依次为新 1 号、新 2 号节能环保型窑及老 1~4 号节能环保型窑。

该厂生产工艺流程为原料石灰石、燃料焦炭由装载机分别装入原料和燃料受料仓，按比例分别经振动给料机输送至下部皮带输送机，混合后的原料与燃料由皮带输送机输送至窑顶各个布料器进入窑内。石灰石（主要成分为碳酸钙）在焦炭燃烧产生热量的作用下进行分解，产生白灰（氧化钙）和二氧化碳，成品白灰从窑底卸灰阀排出，由装载机运至白灰储棚。焦炭燃烧产生的废气及石灰石分解产生的废气经窑顶自然排出。该厂有员工 12 人，实行 24 小时"两班倒"作业制度，作业时间为早 7 时至次日早 7 时。

（2）事故发生经过

2015 年 10 月 11 日，石灰厂接到小寺沟镇政府下达的停产指令后，于当日 10 时左右停机焖窑。10 月 12 日 20 时左右，生产厂长王某某安排安全员兼维修工朱某某、看火工杨某、出窑工张某检修窑顶设备。

10 月 13 日 5 时许，朱某某与另一宿舍的杨某、张某、装载机司机刘某某起床后，朱某某佩戴自吸过滤式防毒面具、杨某佩戴防尘口罩一起上窑，刘某某去修理装载机，张某去老1~4号窑放灰。杨某先到新1号窑窑口观察窑内炉料状况（新2号窑窑内无炉料），由于停风焖窑，氧气供应不足，窑内焦炭燃烧不充分，产生大量一氧化碳，致使现场一氧化碳浓度严重超标，杨某吸入一氧化碳中毒坠入窑内。朱某某发现杨某坠入窑内对其救援，也因一氧化碳中毒晕倒在窑内。

5时30分左右，张某在放完老1~4号窑内的石灰后，看见正在修理装载机的刘某某，刘某某去取柴油，张某佩戴防尘口罩上窑欲同杨、朱2人一起维修设备。5时45分左右，张某到达1号窑窑口时发现杨、朱2人倒在窑内，张某先在南侧窗口处呼喊刘某某救人，自己又返回到新1号窑窑口欲对朱某某进行施救，也因吸入大量一氧化碳，中毒晕倒在窑口处。

5时45分左右，刘某某听到张某的呼救后，在厂区内寻找张某。此时，生产厂长王某某也听到张某的呼喊声，与刘某某迅速赶往新1号窑窑顶，发现张某趴在新1号窑窑口处，2人共同将其拖至新2号窑通风口处。刘某某对张某进行施救，此时，王某某返回新1号窑处寻找杨、朱2人，发现朱某某斜靠在新1号窑内南侧窑壁上，立即与刘某某共同从窑外救朱某某，但未能救出。王某某感到身体乏力，跑到窑顶平台窗户处，喊会计邢某某召集在宿舍的3名电焊工人（外协安装人员）上窑救人。邢某某等人上窑后将朱某某救到窑外。刘某某返回寻找杨某，因烟气较大，未能找到。王某某拿着头灯再次返回寻找，发现杨某晕倒在窑内西侧，王某某同其他人员一起将杨某从窑内救出。众人先后将3人运至地面并对其施救。其间，6时12分左右，邢某某拨打"120"急救电话，王某某打电话报告经理李某。6时20分左右，村医到达现场施救。6时30分左右，县"120"救护车到达现场，经抢救无效，确认 3 人已经死亡。

（3）事故原因分析

1）直接原因。在现场一氧化碳浓度严重超标的情况下，看火工杨某违反规定，在未采取任何安全防护措施的情况下冒险进入煤气危险区域作业，吸入过量一氧化碳中毒，是造成事故的直接原因。安全员兼维修工朱某某、出窑工张某盲目冒险施救，导致事故扩大。

2）间接原因。

①石灰厂安全生产责任制不健全，主要负责人、安全管理人员不知道自身所担负的职责，制度形同虚设。

②石灰厂各项安全生产规章制度和操作规程不健全，没有严格执行各项安全生产规章制度和操作规程，安全管理涣散，存在违章指挥、强令冒险作业、违反操作规程的现象。

③石灰厂未制订并实施安全教育培训计划，未组织安全教育培训。员工安全意识差，缺乏最基本的专业知识和自我保护能力。

④石灰厂安全生产资金投入不足。石灰窑窑顶安全设施、设备不全。现场未设置固定式一氧化碳监测报警装置，窑口门无防护栏；窑顶部区域无有效的通风设施；现场未设置有效的逃生通道；配备的自吸过滤式防毒面具选型不正确，不能防护一氧化碳气体，未给员工配备便携式一氧化碳检测报警仪。

⑤石灰厂组织开展的安全检查流于形式，未排查出生产安全事故隐患，一氧化碳中毒等危害因素没有得到有效控制和防范。

⑥石灰厂虽然制定了生产安全事故应急救援预案，但是未组织全体员工演练，员工缺乏自救保护技能。

（4）事故教训和相关知识

2010 年 7 月，《国家安全监管总局关于印发进一步加强冶金企业煤气安全技术管理有关规定的通知》（安监总管四〔2010〕125 号）

指出：为认真吸取近年来有关冶金企业煤气中毒事故教训，有效防范和坚决遏制煤气中毒事故发生，加强冶金煤气监测监控，针对《工业企业煤气安全规程》（GB 6222—2005）在执行中存在的不足或缺陷，就进一步加强冶金企业煤气安全技术管理提出有关规定。有关规定共计15条，其中第四条规定：在煤气区域工作的作业人员，应携带一氧化碳检测报警仪，进入涉及煤气的设施内，必须保证该设施内氧气含量不低于19.5%，作业时间要根据一氧化碳的含量确定，动火必须用可燃气体测定仪测定合格或爆发实验合格；设施内一氧化碳含量高（大于0.005%）或氧气含量低（小于19.5%）时，应佩戴空气或氧气呼吸器等隔离式呼吸器具；设专职监护人员。

在这起事故中，安全设施不全应该是导致事故的一个重要因素。现场未设置固定式一氧化碳监测报警装置，人员也没有配备便携式一氧化碳检测报警仪，窑顶部区域无有效的通风设施，致使作业人员不能发现一氧化碳过量，也就无法采取预防措施，结果造成吸入过量一氧化碳中毒。其他人员盲目冒险施救，导致事故扩大。

事故调查组要求石灰厂严格落实企业主体责任：一是加大安全生产资金投入，完善安全设施设备，提高本质安全水平。二是要加强员工安全教育培训工作，切实提高员工的安全意识和危险因素辨识能力，增强员工的自我保护意识，坚决杜绝"三违"现象，提高员工安全防护能力。重新制定生产安全事故应急救援预案，并组织企业全体人员认真演练。三是建立、健全安全管理的责任体系，进一步强化安全管理，提高安全管理层的安全责任意识。要加强现场作业管理，严格落实岗位责任制度，强化带班定岗管理和现场巡查、检查，有效制止违章指挥和违章作业行为。四是要全面开展隐患排查和治理活动，规范作业现场。要逐部位、逐设施排查事故隐患，对排查出的事故隐患要立即采取有效措施予以消除，切实防范类似事故再次发生，确保各岗位的安全生产。

66. 电缆沟盖板接合缝隙太大盖板不严小火变为大火

2006年11月2日，陕西省某氮肥厂因操作人员在更换压缩机活门后螺栓未压紧发生漏气，引发了一场大火，直接经济损失达4万多元，无人员伤亡。

（1）事故发生经过

2006年11月2日0时30分，陕西某氮肥厂合成车间2号压缩机操作工李某，在作业中发现一活门需要更换，于是，李某就和另一名操作工张某一起更换了活门。由于正是夜班吃饭时间，李某没有向班长报告，也没有检查活门是否泄漏，就启动了压缩机，然后去吃饭。1时左右，压缩机运转正常，压力达到一定值时，活门螺栓由于未压紧出现漏气，气体在向外喷射过程中由于摩擦而燃烧。由于火势较大，操作人员无法靠近灭火，随即向当班调度、厂领导报告，并拨打"119"报警。大火将旁边循环机的皮带轮点燃，燃烧的橡胶泥流进旁边的电缆沟，引燃沟里的电缆和周围的小配电室。经过消防队员和全厂员工的密切配合、奋力抢救，4时50分，大火被彻底扑灭。

（2）事故原因分析

1）直接原因。该压缩机的操作工李某在平时工作中责任心不强，工作拖拖拉拉，不求上进。当班0时30分时，该压缩机活门需要更换，加之马上就到交班时间，他和另一名操作工张某匆匆更换了活门后就启动了该压缩机。李某更换活门后既没有报告班长，也没有检查活门是否漏气，这是引发事故的主要原因。

2）间接原因。

①电缆沟盖板接合缝隙太大，盖板不严，以致燃烧的橡胶泥流进

了电缆沟，加之沟内有大量的油污，引燃了电缆和小配电室。

②员工的安全意识淡薄是引发事故的又一重要原因。在这次事故之前，厂安全管理人员在进行现场检查时，曾多次提出地沟、电缆沟盖板间隙过大，易伤人，落进火种和其他杂物，容易引起火灾，但没有引起合成车间领导和员工的重视。

（3）事故教训和相关知识

在这起事故中，操作人员在更换压缩机活门时，活门螺栓由于未压紧出现漏气，漏气引发燃烧，燃烧的小火引燃电缆沟油污，引发大火。但就这起事故而言，如果操作人员在更换压缩机活门过程中能认真负责一些，确保活门不漏气，就不会引发火灾事故；如果合成车间认识到电缆沟盖板间隙过大可能会引起的后果，及时整改，也不会发生火灾事故。

对这起事故应引起注意的，是电缆沟引发的大火。在事故之前，厂安全管理人员在进行现场检查时，曾多次提出地沟、电缆沟盖板间隙过大，易伤人，落进火种和其他杂物，容易引起火灾，但没有引起合成车间领导的重视。不重视肯定是不对的，因为曾经发生过电缆沟火灾造成重大损失的事故。

1999年5月16日上午，柳州某汽车厂涂装车间油漆线设备发生故障，该设备制造厂家2名维修人员进行检修。检修时，应涂装车间工程师孟某某的要求，2名维修人员对返修线喷漆室脱落的铁门铰链进行修理。在没有批准动火、又没有安全监护人员在场监护、也未采取有效防护措施的情况下，2人不听劝阻，违章动火作业，用电焊焊接喷漆室脱落的铰链，致使焊渣从未遮挡好的空隙溅落到喷漆室铁门下面地沟内，引燃地沟内积漆，导致发生火灾。火灾发生后，柳州市消防支队9时54分接到报警，随即调派12台消防车、40名消防队员先后赶到现场灭火；10时15分火势得到控制，10时20分大火基本被扑灭。这起火灾事故过火面积 278 m²，直接财产损失 9 003 万元。

人们常说："安全无小事。"安全生产不能空洞无物，必须重视细节，严格执行安全规章，做好安全措施，如戴好安全帽，系好保险带等。反之，为图省事，有章不遵，有规不依，就可能导致人身伤亡事故。之所以出现这类事故，根本原因就在于一些人员对这些所谓的"小事"不屑一顾，心存侥幸，放松警惕，安全意识淡薄。在这起事故中，已经发现并提出电缆沟盖板间隙过大，落进火种和其他杂物容易引起火灾，但是却没有引起警惕，只有事故发生后才能引起重视。可以说，思想上不重视，行动上不落实，事故隐患不消除，就是安全的大敌。有些事故看似是偶然，但对于明摆着的事故隐患，如果不采取积极有效措施加以整改，而是置之不理、听之任之，那么发生事故属于必然。安全工作无小事，做好安全工作必须从一点一滴做起，重视小事，重视细节，扎扎实实把每项工作做好，安全生产才能得到保障。

67. 化肥装运岗位设施安全程度不高人员作业坠落

2007 年 2 月 12 日 0 时 50 分左右，某公司化肥厂成品车间发生一起人员高处坠落事故。员工马某在工作中发现正在输送尿素袋的皮带卸袋器处发生堵包，马上停止了皮带运行，在处理堵包过程中，马某从高约 4 m 的皮带上坠落到站台，造成眼神经受损、颅骨裂纹、胸椎骨折。

（1）事故相关情况

该化肥厂年产合成氨 30 万 t、尿素 52 万 t，下设动力、化肥、成品 3 个车间。在化肥生产中，尿素的计量包装、送往站台装车外运等工序，全靠成品车间 33 条皮带来完成，皮带往返长度达 230 m。该厂自建成投产后，平均每天生产尿素 36 000 多袋，包装后的尿素袋在送往火车站台码垛的过程中，容易在下料口转弯处堵包，皮带工必须迅速停止皮带运行，进行紧急处理，否则 1 min 就能堵 20 多包。为此，车间设置了皮带工岗位，工作任务是对包装后的斜袋进行纠正，及时处理溜槽、卸袋器等处的堵包，对皮带运行进行安全监护。化肥装运工序实行"五班三运转"。

（2）事故发生经过

2007 年 2 月 12 日清晨，该化肥厂装运工序早班人员接班后，皮带工马某对所属皮带进行了检查，中控室根据火车站台情况，开启 3 条包装流程进行尿素包装。当 4 号堆包机码垛到 200 多袋时，码垛人员发现 14 号 B 皮带的堆包机入口卸袋器堵包，无法正常码垛，遂按动堆包机停止按钮，皮带停止运行，马某随后上到皮带上对堆积到一起的袋子进行处理。有一袋尿素夹在皮带与卸袋器的空隙里，造成袋子破损，皮带上撒满了尿素颗粒。马某未对洒落的尿素进行清理，在往站台下扔剩余的半袋尿素时，从高约 4 m 的 14 号 B 皮带上坠落至站台，摔成重伤。

（3）事故原因分析

1）直接原因。皮带表面光滑，下部由托辊支撑，没有稳固的支撑点，人如果站立在上极易摔落，具有很大的危险性。安全技术规程规定：皮带无论运行或停止时，禁止在皮带或其他设备上站立、跨越及传递各种工具。马某安全意识淡薄，无视操作规定，违章站在皮带上处理堵包，是造成事故的直接原因。

2）间接原因。

①车间领导及相关管理人员的安全意识不强，考虑问题不周全，存在顾此失彼的现象。由于事故发生前一段时间尿素库存偏高，成品车间实行"五班三运转"，雇用大量农民劳务工，车间人员及岗位变

动比较频繁。车间将注意力过多地集中在了劳务用工身上，对正式员工，尤其是转岗人员的安全管理有所放松。

②对转岗人员的教育培训不及时、不到位。因事故发生前转岗人员多（皮带岗位15名员工中有9名转岗人员），车间教育培训相关人员外出培训，衔接不力，以及车间领导不够重视等原因，造成部分转岗人员未及时进行安全培训，未签订师徒合同。

③制度、规程执行不利，领导管理不到位。布置工作时要求多、落实少，从而导致习惯与制度发生冲突时安全被放到一边。车间制定的安全技术规程针对性不强，部分规程比较笼统，操作步骤不细，存在制度上的空白，致使部分人员习惯性违章。

④现场查看发生堵包的4号堆包机卸袋器，发现卸料立皮带下部与14号B皮带间隙过大，容易造成夹袋。此外，设备上还存在一些事故隐患，如堆包机防护栏不够宽，处理堵包困难，溜槽结构不合理，易造成堵包等，也是导致此次事故的重要因素。

（4）事故教训和相关知识

这起事故发生后，相关人员立即赶到现场，详细询问了4号堆包机码垛人员，查看了事故现场。从皮带上撒落的尿素以及遗留的脚印看，马某在处理堵包时，没有按要求首先将皮带及周围洒落的尿素清扫干净再行处理。另外，堆包机卸袋器处的堵包，按要求完整袋子须经溜槽放入站台，破损袋子必须回送到包装处换袋，重新计量缝合，而马某贪图省事，将剩余的半袋尿素直接从14号B皮带上扔下站台，这类行动均明显违反了相关的皮带工处理堵包安全管理规定，从而直接导致了事故发生。

以上是从人员违章操作的角度来认识和分析问题。从这个角度认识和分析问题并没有什么不对，但是过于简单。因为在处理堵包时，按照要求首先将皮带及周围洒落的尿素清扫干净再行处理，同样没有解决皮带表面光滑，下部由托辊支撑，没有稳固的支撑点，人如果站在上面极易摔落的危险。而且 14 号 B 皮带距离地面约有 4 m，在这样的高度清扫皮带上洒落的尿素，没有梯子或者移动平台是难以完成的。何况，如果按照要求停机进行清理后再行处理，后面的尿素包源源不断运送过来，会造成更大的拥堵。

针对事故暴露出来的问题，该厂采取了一些技术措施来消除设施事故隐患。例如，加宽堆包机防护栏，每台堆包机增设作业平台，以方便处理堵包；站台东、西两处的走梯增设过渡平台；调整卸袋器立皮带与皮带的间距；更换磨损皮带；改造溜槽结构等。通过采取技术措施，保障作业人员的安全，同时增加作业时的便利，这样更加有利于安全生产。

除此之外，该厂还针对火车站台 8 条位置高、具有坠落风险的皮带，制定出处理堵包的详细步骤。对于严重堵包的袋子，要制定应急处理预案，由相应人员协助进行处理。要求皮带工在巡检及操作时必须佩戴安全帽，做好个人防护工作。制定包装工折边、缝合标准，严格控制包装岗位开口袋、斜袋的产生，从源头上尽力消除产生堵包的条件。

🔖 68. 皮带输送机机尾没有防护罩人员清扫作业发生机械伤害

2006 年 4 月 28 日 19 时 30 分左右，河南省某公司成品车间小筛岗位发生一起皮带输送机机械伤害事故，操作工张某左臂被挤在皮带输送机尾辊与皮带之间，颈部挤靠在皮带上，造成窒息死亡。

（1）事故发生经过

成品车间小筛岗位实行"四班二运转"。2006 年 4 月 28 日 19 时 30 分左右，成品车间值班电工董某进行交班巡检，路经成品车间 3

号送料皮带附近时，听到有异常响声，就到钳工房通知成品车间值班钳工岳某。岳某立即到现场查看，发现皮带打滑，就通知操作工陈某立即停机，然后岳某、董某会同另外 1 名值班钳工韩某 3 人，一起到输送皮带现场查找原因。3 人从北边开始检查，走到南边地坑皮带输送机尾辊时，发现操作工张某左臂被挤在皮带输送机尾辊与皮带之间，颈部挤靠在皮带上，身体头朝南、脚朝北躺在地坑内。3 人立即到皮带地坑内救人，韩某拽了几下张某，没有拽动，随后去盘电机三角带也未盘动。岳某立即回钳工房拿锯弓，然后将皮带锯断，与韩某、董某 2 人一起将张某抬到地坑上平坦的地方进行抢救，后又经医院抢救，张某终因长时间窒息经抢救无效死亡。

（2）事故原因分析

1）直接原因。皮带输送机安全操作规程规定："运行中的皮带输送机，严禁进行检修、清理、打扫、注油等作业，严禁用手摸托辊、首尾轮等部件。"张某安全意识淡薄，无视操作规程规定，在皮带输送机运行的情况下，违章进入地坑作业是造成这起事故的直接原因。

2）间接原因。

①皮带输送机设计不合理，地坑空间太窄，皮带东侧距地坑墙体 300 mm，西侧距墙体 500 mm，皮带尾辊距地面 100 mm，机尾没有防护罩。

②安全管理制度不落实，现场安全管理不到位，巡回检查不力，员工习惯性违章没有得到及时制止。

③车间领导及相关安全管理人员工作责任心不强，将监督管理重心放在了重点危险源和重要部位上，对其他岗位的管理存在漏洞，而且没有安全检查记录。

④安全操作培训不够，教育不到位，操作人员对进入狭窄地坑空

间作业的危险性认识不足，盲目作业。

（3）事故教训和相关知识

在这起事故中，皮带输送机设计不合理，地坑空间太窄，皮带东侧距地坑墙体 300 mm，西侧距墙体 500 mm，皮带尾辊距地面 100 mm，机尾没有防护罩，这些设施不安全之处，是导致事故发生的重要因素。

在企业的生产过程中，当设备在正常运行时，有时操作人员或者其他人员有意或无意地进入设备运行范围内的危险区域，有接触危险、有害因素而致伤的可能性。为了预防这种危险，需要采取设置安全装置的方法，阻止人员进入危险区或使人体远离危险区而免遭伤害，具体安全装置有防护罩、防护屏、防护栅栏等。一般而言，安全装置应结构简单、布局合理、使用方便，符合人机工程学原则，并且易拆装、易检查、易维修。在这起事故中，机尾没有防护罩，既不符合本质安全的要求，也不符合预防危险、预防事故的要求。如果只是简单地责怪操作人员违章操作，那么在这起事故之后换作他人操作，可能为了尽早下班，还会继续在皮带输送机运行的情况下，违章进入地坑作业，还有可能继续发生事故。所以，采取设置安全装置的措施，应该是预防事故更为有效的措施。

69. 鼓风机缺乏安全设施突然断电煤气倒灌引发爆炸

2006 年 5 月，山东省烟台市某公司固碱生产车间系统突然停电，导致正在生产运行的煤气发生炉因停电突然断风，3 min 后，为煤气发生炉供风的鼓风机发生爆炸事故，所幸没有造成人员伤亡。

（1）事故发生经过

2006 年 5 月，固碱生产车间系统突然停电，导致正在生产运行的煤气发生炉因停电而突然断风，3 min 后，为煤气发生炉供风的鼓风机发生爆炸，鼓风机叶轮和进风口防护罩在爆炸冲击波的作用下飞出 50 m 远，直接砸在煤场的粉煤堆上，所幸没有造成人员伤亡。

（2）事故原因分析

1）直接原因。系统突然断电，导致空压风管道内压力骤降，而聚集在煤气发生炉内的带压煤气反窜入空压风管道内，与其中的空气混合形成爆炸性气体，遇静电或高热发生爆炸。由于鼓风机入口属开放式进口，爆炸所聚集的能量在阻力最小的鼓风机入口急剧外泄，鼓风机叶轮在强大冲击波的作用下挣脱并外飞，打掉了进风口防护罩并与进风口防护罩一同飞了出去。

2）间接原因。

①工艺存在问题。该系统在设计时，进风管道上没有加装单向止回阀，导致了煤气倒灌，最终形成了爆炸性混合气体。

②现场防护不到位。在鼓风机的周围没有加设防护栏杆，导致发生爆炸以后，设备构件四处外飞，容易造成人员伤害。

③人员培训不到位。现场操作人员对于此次发生的爆炸事件没有充分的认知，也没有完善的应急措施。现场操作人员在发生停电事故后，没有及时关闭空压风进口阀门，也没有及时打开煤气发生炉的放散阀门和探火孔，最终导致炉内带压煤气发生倒灌。

④日常检查不深入。虽然在日常生产中严格执行月检、周检、日检和抽检制度，但是检查不深入，没有发现生产系统中存在的事故隐患。

（3）事故教训和相关知识

这起事故涉及应急处置问题，正是由于事先准备不足，人员培训不到位，没有完善的应急措施，现场操作人员在停电事故以后没有及时关闭空压风进口阀门，也没有及时打开煤气发生炉的放散阀门和探火孔，最终导致炉内带压煤气发生倒灌，并导致爆炸事故。

应对类似事故，企业应在专项应急预案的基础上，根据具体情况和需要，分别编制不同的现场应急处置预案。现场应急处置预案是针对特定的场所（通常是事故风险较大的场所或重要防护区域）制定的，特点是针对某一具体现场的特殊危险及周边环境情况，在详细分析的基础上，对应急处置中的各个方面做出具体、周密、细致的安排，因而现场应急处置预案具有更强的针对性和指导性。编制好现场应急处置预案对于预防重大事故发生，减少人员伤亡和事故损失具有重要意义。预案具体包括以下内容：应急机构的设置、职责的落实；应急人员的具体分工（重点在车间）；应急物资设备的准备和日常检查维护；应急人员的训练等。

这起事故之后，该公司专门成立了事故调查小组，查清了事故原因，分清了责任，并形成了一套行之有效的应急处置方案。具体内容如下：一是在空压风总管上增加氮气管道，一旦停电，操作人员首先打开氮气阀门，利用氮气的惰性来保护整个供风管线的安全。二是在进煤气发生炉的空压风支管上增加单向止回阀。三是在空压风总管上加装防爆膜，增加泄爆面积，保护风机不受损害。四是在鼓风机的周围加设防护栏杆。五是编制现场应急处置预案，加强员工的应急处置培训，并组织进行相应的应急演练，使每位操作人员都能在第一时间做出准确的判断和处置。在此之后，该公司又发生了 2 次突然停电事故，由于操作人员及时反应，现场应急处置预案切合实际，现场人员都安全化解了潜在的爆炸风险，保障了生产系统的安全稳定运行。

70. 回气压联箱封头焊接不良发生爆裂导致氨气泄漏

2004 年 6 月 26 日 5 时左右，山东省临邑县城南某肉制品有限公司（本案例中简称肉制品公司）冷藏库氨制冷装置发生一起氨气泄漏事故，造成 6 人受轻伤。

（1）事故相关情况

肉制品公司于 2004 年 3 月建成试运行。发生事故的分割预冷车间有 3 000 m²，正常时有 600 人工作。公司设有安保科，有专职安全员。

临沂某制冷公司（本案例中简称制冷公司）为专门安装大型制冷装置的专业公司，肉制品公司的制冷装置由该公司承建。双方签订了安装合同，约定 1 年内免费包修，如因安装质量问题发生事故，制冷公司全额赔偿由此造成的一切损失。

（2）事故发生经过

2004 年 6 月 26 日 5 时左右，正值住在厂区的工人开始去各个车间工作的路上，氨制冷装置刚刚开机运转之时，氨制冷调节站至分割预冷车间的回气压联箱封头焊接处突然爆裂，在调节站工作的人员随即发现并果断停机关闭了氨气通道阀门。因为是刚刚开机，从氨制冷调节站至分割预冷车间的管道内只存有少量氨气，所以关闭阀门后共喷出了约 10 kg 氨气。正在去分割预冷车间的 2 名工人闻到氨气刺鼻的气味后，随即向西跑去，由于当时风向为东南风，氨气向工人跑的方向吹去，使得这 2 人受到一定程度的伤害。随后，工人拨打了医院急救电话和火警，并把情况报告给车间主任、总经理等公司领导。几分钟后，消防大队和县医院救护人员赶到，把受伤的 2 名人员送到县医院进行抢救治疗，经检查 2 名人员均受轻伤。

氨气泄漏后，公司总经理等领导随即组织工人向东南部厂区大门外撤离。5 时 30 分左右，厂内人员撤至东南部厂外，通过人员清点，证实所有人员已撤离至安全地带。

6 月 26 日下午，制冷公司技术人员对爆裂处焊口进行了焊接处理，对其余制冷装置也进行了安全检查，没有发现事故隐患。

27 日早晨，肉制品公司又发现 4 名工人有不适症状，公司随之把这 4 人送往医院进行治疗。3 天后，6 名工人全部出院并正常上班。

（3）事故原因分析

1）直接原因。

①氨制冷调节站至分割预冷车间的回气压联箱封头焊接不良，在一定压力条件下发生爆裂，导致氨气泄漏。

②员工撤离方向不对。发生氨气泄漏时，员工应向上风方向撤离，而不是沿顺风方向撤离，导致部分员工吸入一定量的氨气，造成了不必要的伤害。

2）间接原因。

①工程竣工时虽然对回气压联箱封头进行了探伤检验，但由于探伤手段单一，没有发现焊接不良隐患，错过了整改隐患的时机。

②公司对员工安全培训力度不够，使得员工逃生知识欠缺。

（4）事故教训和相关知识

这起事故涉及焊接质量问题。

在焊接质量控制的诸多因素中，焊工技能一直是值得关注的问题。焊工是否能够焊出合格的焊接接头，除了其具备一定的焊接技能之外，还与焊接时的作业环境、身体状况、设备条件、精神状态等紧密相关。正是由于无法预测焊接质量，就必须采取检查检测手段进行检验。

压力容器无损检测的主要方法有射线检测、超声波检测、磁粉检测、渗透检测、声发射检测、磁记忆检测等。不同的检测方法，侧重于不同的情况。例如，射线检测一般用于检测焊缝和铸件中存在的气孔、密集气孔、夹渣和未融合、未焊透等缺陷。另外，对于人体不能进入的压力容器以及不能采用超声检测的多层包扎压力容器和球形压力容器，多采用同位素射线照相方法。但射线检测不适用于锻件、管材、棒材的检测，也不适宜较厚的工件，且检测成本高、速度慢，同时对人体有害，须做特殊防护。在无损检测中，任何一种无损检测方法都不是万能的，因此，应尽可能多采用几种检测方法，取长补短，获得更多的缺陷信息，从而对实际情况有更清晰的了解。例如，超声波对裂纹缺陷探测灵敏度较高，但定性不准，而射线对缺陷的定性比较准确，两者配合使用，就能保证检测结果可靠、准确。

这起事故之后，事故企业对氨制冷装置所有焊接处进行了不低于两种方式的探伤检查，发现隐患及时排除。由评价公司对氨制冷装置进行了专项评价，并申请相关部门对该制冷装置进行检测，合格后投入使用。此外，加强日常检查，配备抢险救援设备，完善应急救援预案，并定期进行演练。强化"三级安全教育"，使员工熟练掌握逃生、救援知识。

71. 输送管道安全阀侧管断裂丙烷大量泄漏引发火灾

2016 年 11 月 25 日 17 时 39 分左右，江苏某物流有限公司（本案例中简称物流公司）丙烷输送管道泄漏引发火灾，至 26 日 8 时 48 分，明火完全熄灭。事故造成 2 人受伤，直接经济损失 44 万元。

（1）事故相关情况

物流公司成立于 2003 年 8 月，经营范围包括危险品运输，危险化学品批发、零售，港口货物装卸、仓储和港内驳运等。许可作业危险货物包括丙烯、丙烷、苯、丁二烯等 44 种。

（2）事故发生经过

2016 年 11 月 25 日 13 时 40 分左右，装载液化丙烷的巴哈马籍卡拉维拉号货轮停靠物流公司液体化工码头，办理海关手续。15 时左右开始驳接管道。16 时 30 分左右启泵，通过 PL-Z0401 等连接管道向 V401、V402 球罐输送丙烷。在输送丙烷过程中，码头班长王某某发现码头就地温度显示仪的温度在-2 ℃与-3 ℃之间后，立即通知船代孙某提升货轮丙烷输送温度，但之后温度继续下降，王某某便上船协调停止进料。17 时左右，停止进料，此时就地温度显示仪显示温度在-17 ℃与-18 ℃之间。17 时 20 分左右，温度上升到 0 ℃以上，第二次启泵。17 时 35 分左右，罐区班长樊某在中控室通过监控视频发现 V307 储罐附近有泄漏，随即戴上防毒面具赶赴现场，并用对讲机通知操作工常某某。17 时 36 分，樊某和常某某先后到达泄漏区域，发现 PL-Z0401 管道发生泄漏，但因现场丙烷汽化，能见度极低，2 人未能找到泄漏点。17 时 38 分左右，樊某通过对讲机通知王某某立即停止输送丙烷，王某某随即通知货轮的工作人员停泵，同时关掉与货轮连接管道的手动阀门。17 时 39 分 40 秒，泄漏点出现火苗，39 分 50 秒火苗沿排水沟迅速扩散，出现大面积过火，40 分 5 秒过火区域收缩，集中在泄漏点喷射燃烧。

火情发生后，现场人员立即拨打"119"报警，中控室操作人员立即关闭 V400 罐组各球罐的自动切断阀，开启喷淋设施降温。17 时 59 分左右，泰兴经济开发区专职消防队赶到现场灭火。泰兴、泰州等消防队员及有关专家相继赶赴现场参加救援，通过补充氮气和保护降温等措施，控制管道内残余丙烷在泄漏处稳定燃烧。26 日 8 时 48 分，明火完全熄灭。

事故共造成 2 人轻伤，丙烷泄漏 39.8 t，部分管道损毁，直接经济损失 44 万元。

（3）事故原因分析

1）直接原因。安全阀侧管断裂，丙烷大量泄漏，高速喷出的丙烷与不规则断口摩擦产生静电火花，点燃周边弥漫的丙烷气体，引发火灾。

2) 间接原因。

①温差应力引发侧管断裂。PL-Z0401 管道设计操作温度是 30～35 ℃，但本次事故中，在第一次启泵输送丙烷时，最低温度在 -17 ℃与-18 ℃之间，造成管道发生轴向收缩，产生位移。安全阀侧管为刚性连接，从而产生拉力，导致安全阀侧管的角焊缝焊接热影响区发生裂断。

②作业人员未严格执行码头驳接的工艺要求。物流公司制定的丙烷球罐（卸船）操作规程及注意事项要求，管道温度应高于 0 ℃。但王某某违规操作，第一次启泵时温度过低，大量低温液化丙烷进入管道，导致管道材料遇冷发生变形。

③物流公司未严格执行变更管理的规定。2016 年 9 月，物流公司将 V400 球罐组及附属管道（包含本次发生泄漏 PL-Z0401 管道）原设计作业危险货物丙烯，变更为丙烯、丙烷，但对变更带来的安全风险认识不足，未委托原设计单位对安全设施进行变更确认，也未委托具备资质的单位进行安全评价，未落实消除和控制安全风险的措施。

④物流公司对事故管道的工艺监控措施缺失。发生事故的丙烷输送管道仅在码头和着火点两处设置了就地温度显示仪，且没有设置不间断采集和监测系统与码头中控室和罐区中控室连接，使得中控室无法监测、监控丙烷输送温度。

(4) 事故教训和相关知识

在这起事故中，涉及丙烷、丙烯两种化工产品。

丙烷为无色气体，燃点 450 ℃，易燃，通常为气态，一般经过压缩成液态后运输。原油或天然气处理后，可以从成品油中得到丙烷。丙烷常用作发动机、烧烤食品及家用取暖系统的燃料。在销售中，丙烷一般被称为液化石油气，其中常混有丙烯、丁烷和丁烯。为了及时发现意外泄漏，商用液化石油气中通常加入有恶臭气味的乙硫醇。

丙烯为无色、无臭、有甜味的气体，是石油化工基本原料之一，可用于生产多种重要有机化工原料，如丙烯腈、环氧丙烷、异丙苯、丁醇、辛醇、丙烯醛、丙烯酸等；在炼油工业上是制取叠合汽油的原料；还可以生成合成树脂、合成纤维、合成橡胶及多种精细化学品等。

在这起事故中，导致事故发生的主要原因其实是两个：一是人员违规操作，要求管道温度高于 0 ℃，但启泵时温度过低，大量低温液化丙烷进入管道，导致管道材料遇冷发生变形；二是未严格执行变更管理的规定，原设计管道运输的丙烯，之后变更为丙烯、丙烷，但对变更带来的安全风险认识不足，未进行变更确认，也没有进行安全评价，未落实控制安全风险的措施。从丙烯与丙烷的特性来看，两者虽然名字很接近，但是特性差距很大，也正是由于人员对两种化工产品的特性不了解，为事故的发生创造了条件。

事故之后，事故企业要严格执行危险化学品安全管理的相关规定，强化变更安全管理，对工艺条件发生变化的，必须经原设计单位对变更安全条件进行确认，对变更可能带来的安全风险，要制定切实可行的消除和控制措施，坚决杜绝未经设计确认，擅自变更生产工艺的情况发生。要制定切实可行的岗位操作规程，明确异常状况下的处置措施，加强对操作人员的安全教育培训，认真落实岗位操作规程，避免由于操作不当引发事故。要立即对所有长输管道及其侧管、支管进行检查，消除刚性连接结构，加装温度监测监控系统，在全厂范围内进行全面细致的隐患排查，确保生产安全。

72. 钢制大门安全度不高没有限位装置引发物体打击

2015 年 12 月 28 日 1 时 50 分左右，江苏省连云港市某公交有限公司（本案例中简称公交公司）东部车队停车场发生 1 起物体打击生产安全事故，造成 1 人死亡，直接经济损失 110 万元。

（1）事故相关情况

公交公司成立于 2012 年，法定代表人陈某某，总经理刘某某，主要负责连云港市区快速公交运营，日常生产运营管理由公司党支部书记兼副经理王某负责。公交公司东部车队位于连云港东火车站西侧，主要负责提供快速公交车辆停放和检修服务。

2014 年 12 月 30 日，公交公司与连云港某保安服务有限公司（本案例中简称保安公司）签订保安协议书，由保安公司为公交公司提供保安服务，协议有效期为 1 年。由于公交公司场站较多，协议没有明确具体的服务岗位和保安人数，而是根据实际情况进行调配。

（2）事故发生经过

公交公司在 2015 年下半年采购了一批纯电动公交车，12 月中旬开始陆续投入运行，同时配套修建了一批充电桩。由于充电桩需要增加人手看护，公交公司在内部员工中抽调了部分人员，其中包括东部车队原来看守大门的 4 名保安（之前东部车队大门保安为公交公司员工）。于是公交公司于 12 月 26 日通知保安公司增派 4 名保安到东部车队大门岗位。

12 月 26 日，保安公司负责东部业务的队长赵某某找到沈某某和李某某，让 2 人到公交公司东部车队做保安，2 人同意。12 月 27 日，赵某某对 2 人进行了简单培训，当日 16 时带 2 人到公交公司东部车队报到，车队保卫科科长对 2 人进行了简单培训交代，2 人开始上班。

2 人上第一个班，从 12 月 27 日 18 时 30 分至 12 月 28 日 6 时 30

分。12月28日1时30分左右，最后一班车回到车队，沈某某和李某某先是到停车场巡场，1时50分左右回到大门口准备关门。沈某某站在门内侧，李某某站在门外侧，2人先将左边门拉到还不到中线的位置，就一起去拉右边门，由于门比较重，2人使劲往外拉门，将整个门拉出了钢架，门倒向外侧，将李某某胸部及以下压住。沈某某见状跑到门外侧，想把李某某拉出来，但没能将大门抬起来，随后，沈某某拨打了"120"急救电话和"110"报警，又跑到对面小区找来了一名保安，2人也没有抬起大门。派出所2名民警赶到后，4人仍然抬不动大门，后来民警在马路上拦车叫一名过路市民来帮忙，并找来木棍将大门撬起，将李某某拉出来。这时候，队长赵某某和"120"救护车也赶到现场，医护人员进行现场检查后将李某某送往医院进行抢救。28日3时左右，李某某经抢救无效死亡。

（3）事故原因分析

1）直接原因。公交公司东部车队钢制大门本质安全度不高，没有有效的限位装置，保安在拉门的时候将门拉出，用于保持平衡稳定的钢架倾倒，是导致此次事故发生的直接原因。

2）间接原因。

①公交公司事故隐患排查治理不彻底，在东部车队大门已经出现脱轨现象的情况下，没有及时更换限位装置。

②公交公司在人员紧缺的情况下，人员调用突然。东部车队新上岗的保安由保安公司于12月26日招聘，12月27日即上岗，缺乏培训教育，缺少交接带班。

③保安公司保安招聘、培训和管理不严格，李某某刚应聘第二天就被派上岗，没有经严格培训和实习，且没有保安员资格证。

（4）事故教训和相关知识

事故之后，经现场勘查发现以下情况：公交公司东部车队大门为钢制栅栏门，底部设滑轮移动，车队大门进、出口宽 17.24 m，设东、西两扇门，每扇门长 9.7 m，高 1.7 m。大门底部的尼龙棒轨轮部分损坏，后安装的耐磨铸铁轮完好，高于原尼龙棒轨轮。发生事故的右侧大门尾部用于限位的方管被割断锈蚀，后焊接的钢筋被拉弯变形。

公交公司东部车队大门一般每天 5 时开门，至第二天凌晨（大约 1 时 40 分）最后一班车进场后关门，该门较重，每次需要两人共同拉动。由于大门没有限位装置，大门用于保持平衡稳定的钢架曾在 2012 年和 2013 年两次倾倒，车队保卫科科长何某某向公司领导进行了反映，并由何某某找来电焊工在大门尾部焊接了方管当作限位器。由于大门底部最初安装的滑轮为尼龙棒轨轮，在水泥地面滑动不灵活，且容易损坏，公交公司于 2014 年委托某建设工程有限公司将其更换为耐磨铸铁轮。在大门改造过程中，为方便更换滑轮，施工方将之前大门上焊接的方管割下，换上耐磨铸铁轮后再将大门装上去，并在原焊接方管处焊接了一根钢筋作为限位装置。

在通常的情况下，一名成年男子能够抬起重 100 kg 的物体，如果 4 名成年男子仍然抬不动大门，这个大门的质量估计会超过 400 kg。车队门口两扇门，每扇门长 9.7 m，高 1.7 m，质量超过 400 kg，这个大门的确有点重。其实，完全可以换成轻一些的电动开启的大门。那么为什么不换呢？可能就是习以为常，不知道存在隐患。

负责公司日常生产运营管理的领导、公司保卫科科长，对员工反映大门存在的事故隐患没有足够重视，仅仅更换了大门滑轮，没有彻底整改和消除事故隐患，因而负有一定的责任，予以相应处罚。同时要求立即停止使用现有推拉门，并予以拆除，更换为电动门。公司要深刻吸取事故教训，举一反三，认真查找管理上的漏洞，严格保安的招聘、培训和日常管理，加强安全培训教育，杜绝类似事故再次发生。

班组应对措施和讨论

在企业，设施的安全涉及环境的安全，人们通常都喜欢整洁、安全的环境，而厌恶肮脏、危险的环境。要创造安全的环境，首先要保障设施的安全。

（1）有关设施安全的事例

设施安全是安全管理的重要内容，对于与班组作业密切相关的设施，则是班组安全管理的重要内容。在设施管理中，不能麻痹大意、置之不理，应该在每年、每季度、每月的安全检查中，把设施状况列入其中，进行检查，发现问题及时处理。此外，针对设施（包括设备）存在的问题，自己也可以动手解决，许多时候，自己动手并没有想象中困难。以下介绍几个自己动手消除隐患的事例。

1）会修设备还会"修"隐患的维修班。

某石油公司北庄油库维修班组仅有8人，人少活儿却不少。该班组在做好设备检查保养的同时，还针对油库设备设施存在的隐患认真研究改造，不仅解决了难题，消除了事故隐患，还为北庄油库节省了不少费用。

发油鹤管是石化行业流体装卸过程中的专用设备，是一种可以伸缩移动的管子。每辆油罐车来了之后，就要将鹤管伸入油罐车内部，通过管道输送的方式将油输入到装油台，再装入油罐车内。此时，鹤管必须处于固定的状态，如有松动，就极易引起柴油外泄，造成不必要的浪费以及隐患。北庄油库属于物流中心，发油量很大，因此鹤管的使用也十分频繁。生产厂家制作的鹤管采用夹板夹住管壁的方法固定，但是由于使用频率较高，没过多久管壁固定处就会打滑。这样一来，夹板就无法将管壁夹紧，发油过程中鹤管经常松动。而一旦出现夹板不紧的情况，生产厂家就要更换整个鹤管。

为了从根本上解决此问题，维修班组员工自己动手，利用工作中的管材边料和弹簧等装置，研究设计并制作出新的鹤管固定器。通过在鹤管伸缩管上打孔，并加装弹簧和插销装置，将鹤管牢牢固定住。以前的鹤管只在皮带上有锁头，现在的鹤管在皮带上打了一排圆孔，可以随时调节位置，锁得更牢，使用时间也更长了。在经济效益上，以前的鹤管平均一年就要更换一次，北庄油库共有4个鹤管，平均每年更换的费用为2万元。该分公司共有9座油库，仅仅每年更换鹤管的费用就达到了几十万元。维修班组的创新成果不仅延长了鹤管的使用寿命，排除了作业现场的事故隐患，还大大降低了公司的开销。

2）班组小发明解决吊车大隐患。

2013年12月5日对安徽某公司机械化大修厂钳工班来说是个"大喜的日子"，班组发明的吊车高度限位器获得国家实用新型专利。

限位器是起重机械的安全保护装置，能有效阻止吊钩"冒顶"事故的发生，被广泛用于汽车吊、履带吊、筒臂吊等起重机械上。但因为它"娇气"不耐用，更换频繁，十天半月就要更换1次，1台吊车1年下来就要耗费数千元。钳工班成员通过对破损的限位器进行解体研究发现，因外壳"骨折"导致报废的占95%以上，其外壳都是生铁浇铸件，抗冲击力差，脆弱易断裂。钳工班曾经尝试用焊接、铸工胶黏合等办法修复，但都因为变形影响其灵敏度而失败。

一天，在工间休息时，钳工班的成员再次聚在一起商量解决办法。钣金工朱长安拿着"骨折"的限位器仔细端详，用石笔在地板上比画着说："这个外壳我来做！"他准备把盒状的外壳分成4片来做，使其焊接时不变形，材料选用薄钢板，"照葫芦画瓢"，保证尺寸分毫不差！限位器外壳制作完毕，他们在市场上购买了随处可见的触点式电子开关，每只仅需10元。完成以后，钳工班成员对自己的成果进行破坏性试验，经过碰、撞、摔，限位器毫发未损，再测试灵敏度，依然敏捷。随后班组将自制的限位器安装在不同规格的吊车上，使用半年均"毫发无损"。

3）一项小改革防范了电气火灾。

河南某电气股份有限公司组合电器事业部126车间内装班班长杨晓卫，是个爱学习、爱动脑筋的人。他所在的生产车间，承担公司110 kV组合电器产品的组装，产量很大，而每天至少有50把电动扳手需要充电，几乎把所有的墙壁固定电源都用上了，去晚了还抢不到插位。在别人眼里，插拔电动扳手是一个司空见惯的小事，可杨晓卫看在眼里，记在心上。按照安全要求，充电需要先断电再插电源，但断电会影响同一电源下的其他电器工作。所以，在插充电器时，为了不影响其他电器件工作，员工往往不关电源，为此存在触电的危险。频繁的插拔使插座与插头接触松动，存在打火花隐患。车间现有的两排插座不够用，造成工作中员工满车间奔波、争抢电源，既影响生产节奏，又影响装配效率。

杨晓卫对此进行了认真分析，发现针对电动扳手用电量多、功率较小、使用频繁的特点，可否做一个可接电源的充电装置集中解决充电问题？带着这个想法，他提出并联多套插座的设想，每个插座由空气开关控制，同时供一个充电器充电，充电器插在插座上后再不需要取掉，充电时只需要将空气开关关合就行。经过讨论确定了方案，几个人分头行动。

很快，第一台电动扳手安全充电器架问世了。大家围着看来看去，并找来装配班的人员评价。这套安全充电器在生产车间试点效果非常明显，每个工装扩展8个充电器，定置集中存放，并且每个插座都配备专用小型断路器，保证了充电时的安全性，极大地方便了员工，完全满足用电安全规范要求，同时也预防可能发生的火灾事故。

（2）企业生产现场的安全管理措施

企业生产现场是指从事产品制造、装配、试验和提供生产服务的场所，即操作人员通过使用工具，作用于生产对象，完成一定生产任务的场所。生产现场也是事故隐患产生的场所，现场管理是安全管理的重要内容，通过控制和消除物的不安全状态与人的不安全行为，保证现场按预定的目标实现安全生产。

为了做好现场安全管理工作，天津某集团公司从实际出发，积极学习和引进先进的管理经验，逐渐形成了一套适合自身情况、比较系统的现场安全管理方法，概括为"一岗、二法、三防护"管理方法，经过多年的实际应用取得了较好的效果。

1）"一岗"是指岗位责任制，包括以下6个方面的内容：

①岗位职责。生产岗位上的原材料、机器设备、防护装置、工具用品、环保设施、技术操作、安全检查、卫生整理、设备维护等管理责任——落实到人，做到事事有人管、人人有专责。

②交接班制。生产进度、设备工具、原材料、安全状况、卫生清扫及领导交办的事项等都要对口交接，各种记录、账卡齐全，记录完整、准确、清楚。交接班必须正规、严肃、认真，做到嘴说到、耳听到、眼看到，交接双方确认后签字。

③岗位检查制。建立安全自检、互检和专检制度，严格执行班组安全管理标准，岗位自检由操作人员负责，班组安全控制点由班组长和安全员负责，车间安全控制点由车间安全员和车间领导负责。检查项目、标准、时间、路线、记录、签字都要规范化、制度化、标准化，对重大事故隐患要详细记录并及时报告。特别是对安全控制点(危险源)，依照其危险程度，要分层次按专业进行有效管理。

④复验制。即对重要和危险的操作，如配料、称重、投料、重要阀门启闭、特种作业的操作要点等，都应由班组安全员进行复验，确认无误后方可操作，这样可以提高操作的准确性和安全性，避免人的失误。

⑤岗位制度系统化。一般包括岗位"安全通则""生产区域禁止行为""防护用品穿戴与使用规定""急救药品、器材的配备规定""安全装置管理""环境卫生标准"等内容。

⑥原始记录规范化。原始记录包括操作技术记录、交接班记录、班组安全活动记录及有关账卡的登记等。原始记录是生产写实和事故写实,所以所有原始记录都应当用规范的格式和标准化的用语及时、清楚、准确地填写。

2)"二法"是指岗位安全操作法(安全技术操作规程)和设备使用维护保养法。"二法"是企业管理者要求操作人员正确使用和养护机械设备,规范地进行生产活动的重要法规。制定"二法"时,要把安全操作和工艺技术操作有机地结合起来,其目的在于确保安全生产的正常进行,为此,应当抓好以下两项工作:

①认真做好"二法"的学习和培训。每位操作人员都要熟练掌握本岗位的安全操作规范和设备使用、维护、保养方法,特别是危险作业岗位,要严格进行笔试和实际操作考核,合格者发给操作证,方可上岗。经常性地进行岗位操作和安全技术练兵活动,提高操作技能和预防事故的能力。

②积极开展岗位操作标准化、规范化的研究并大力推广。开展群众性的岗位操作标准化、规范化研究是一项非常有意义的工作,是预防事故的有效方法。有了合理的标准程序和规范化操作,并反复进行训练和学习,就可以消除习惯性违章现象,消除工艺规程中的不安全因素,从而进一步为安全生产提供保障。

3)"三防护"是指在生产过程中的自我防护、设备防护和环境防护。

①自我防护。在工艺设备本质安全性较差的情况下,强调操作人员加强自我防护有很重要的现实意义。自我防护包括两个方面的内

容：一是做好安全教育和安全培训，提高操作人员的安全素质，增强自我保护意识；二是合理配备并按规定使用好防护用品用具，做好自我防护。

②设备防护。机械设备是生产现场的基本组成部分和完成生产计划的主要工具，也是引发事故的重要因素之一。机械设备引发事故的能量形态大致分为机械能、化学能、电能、热能和放射能5类。为此，要采取针对性措施进行预防。

③环境防护。为保护作业人员的安全和健康，必须做好生产现场的环境防护，一般应当注意做好以下工作：作业现场中的各种沟、池、孔、槽等应配置安全盖、护栏和网，梯台、坡面、踏板应有防滑措施；生产技术装备、原料、半成品、成品、废品等，摆放应井然有序，布置合理，划出禁行区、物料存放区、人行通道，并设置安全标志；温度、湿度应适宜；作业现场要有良好的照明；控制作业现场的噪声及有害气体、粉尘的浓度等。

另外，对于特种作业岗位和存在危险源的作业岗位以及危险化学品作业岗位，除做好以上防护外，还应当按国家、行业的有关要求做好各项特殊防护，并且按照规定要求编制事故应急救援预案，配备必要的救援器材和应急药品，并定期进行演练。

（3）设备设施努力实现本质安全

本质安全应该是一种过程，随着人们对事物认识的深入和科学技术的进步，本质安全水平也逐步提高。如何努力实现本质安全呢？在管理中应重点考虑以下几方面：

1）生产工艺方面。工艺必须达到技术先进、经济合理、资源利用达到最优配置的要求，不能沿用落后、甚至淘汰的工艺。整个生产控制尽可能采用先进的 DCS 集散控制系统。对危险性较大、关键要害岗位，装置、工序、设备之间均应设置温度、流量、压力等报警或联锁装置，以及泄压装置等。对化学反应灵敏、剧烈、危险性较大的生产装置，还应设置在线自动分析仪等，以避免因操作人员失误导致发生事故。

2）地理位置方面。建设危险化学品生产、储存的设施，应远离公共场所、居民稠密区、重要市政设施等，生产装置、储存设施等应保持符合防火规范的防火间距。当达不到规定的防火间距时，必须采取相应的安全措施，如设置防火墙、防爆墙等，且须报防火监督部门核准。

3）防火防爆方面。除配备必要的灭火器材外，对危险性较大的生产、储存场所还应设置灭火系统，对散发易燃易爆气体的生产装置、储存库区应设置可燃气体检测报警仪和火灾报警灭火系统；其生产装置应尽可能地采用敞开式或半敞开式框架式结构厂房；在相应范围内都应采用符合规范的防爆电气设备；易产生静电的设备、容器、管道等都应有效接地装置或跨接等，整个生产装置、储存设施要设避雷设施；压力容器、管道、设备等都应有防爆泄压安全装置；使用防爆工具等。

4）工业卫生方面。对生产、储存有毒危险化学品的场所，应设置有毒气体检测报警仪，并应有良好的自然通风或强制通风设施，现场还应配备足够的防毒器材。对生产装置产生的噪声、粉尘、微波、射线等，都要有安全措施和设施，确保作业场所的安全卫生环境。

5）操作环境方面。所设置的阀门、开关，要便于操作人员操作；工艺管道布置除了要横平竖直外，横向布置管道一般离地高度2 m以上，低的横向管道应布置在地沟或楼层下，以保持操作通道的畅通。平台、栏杆、扶梯的设置都应符合国家标准。

6）应急救援方面。对突发的跑料、排放等，都应有控制、回收设施，如围堤、控制流入下水道的阀门，防爆型抽水泵，以及用于中和处理的蓄水池等；设置自动报警、灭火装置等；液化石油气充装系统上应有自动切断装置；事故应急照明、通信等应完好；设置应急喷淋冲洗装置等。

总之，要做到本质安全，除了要做好管理工作，还需要经常检查，发现问题，及时改进，及时消除事故隐患。

（4）班组讨论

1）你认为你们班组的现场安全管理如何？管理水平属于上、中、下哪个级别？

2）你认为在班组现场安全管理中，哪些内容比较重要，为什么？

3）当你们班组生产作业范围内出现设施不安全的情况时，你会怎么办？是向班组长报告呢，还是不管不问？

4）根据你的观察，在你们车间班组有哪些设施不够安全，存在哪些隐患？

5）根据你的观察，在你们企业有哪些设施存在隐患，容易造成事故？你对发现的事故隐患准备报告吗？

五、其他设备设施引发的事故

对于企业的安全生产，倘若每一名员工都能遵章守纪，注意从具体的生产行为认真做起，处处讲安全，时时讲安全，企业就会实现安全生产。人们常说，"细节决定成败"，这个"细节"其实就是一些看起来微不足道的小事。在安全管理上，小事却不小，许多事故的发生都是一些"小事"引发的。在设备设施的管理中也是如此，一些不被人们注意的小事情，经常是引发事故的源头，因此要提高警惕，加强管理，逐一排查不安全因素，消除隐患，保障安全。

73. 锂亚电池半成品存放于不安全场所引发爆燃

2017 年 11 月 30 日 20 时 40 分左右，湖北省武汉市径河街某工业园（本案例中简称工业园）3 号楼五楼锂亚电池临时存放点发生一起爆燃火灾事故，造成现场及隔壁服装仓库起火，过火面积约 200 m²，未造成人员伤亡。

（1）事故相关情况

工业园园区共有 6 栋厂房，建筑面积约 2.5 万 m²。事发地点为园区内 3 号楼五楼。3 号楼产权单位为武汉某电子科技有限公司（本案例中简称电子公司），该公司成立于 2001 年 6 月 6 日，经营范围为新型电源、仪器仪表、化工机电一体化研制、开发、生产、销售等。该公司锂电池生产项目（场所）已于 2017 年 1 月搬离工业园。

（2）事故发生经过

2017 年 11 月 30 日 20 时 40 分左右，工业园 3 号楼五楼锂亚电池临时存放点突然发生爆燃起火，现场值班人员立即拨打"119"报警，区消防大队及时赶到现场进行施救。22 时 23 分左右，明火被扑灭，无人员伤亡。

（3）事故原因分析

1）直接原因。位于五楼东北侧的锂亚电池半成品（电芯）仓库，防雨水措施不到位，雨水经过临近窗户飘散至未加装 PVC 保护材料的自产电芯电极一侧，聚集于负极一侧的物质遇水后发生燃烧，燃烧产生的热能加热本电芯及邻近电芯的电解液及金属锂，进而破坏电芯内部隔膜，造成电芯内短路并放热，电解液受热后释放大量气体导致电池内压力过大而爆裂；电芯内碳及锂受热后燃烧，因此由刚开始的局部电芯爆裂燃烧，瞬间造成了整个电芯仓库的爆燃火灾，同时点燃邻近未加实体隔离的服装及运动鞋仓库，加大了火灾面积及事故损失。

2）间接原因。

①电子公司安全管理不到位。电子公司将锂亚电池半成品（电芯）私自存放于不具备安全条件的危险货物储存场所，并疏于管理。且在事故发生前 5 天，即在 2017 年 11 月 25 日，相关管理人员取样后未核查仓库安全状况就离开。

②危险货物储存场所安全措施不到位，即将危险货物存放于一般仓库且未落实应有的防火分区隔离、强制通风、自动报警、自动灭

火、防水防潮等措施。

(4) 事故教训和相关知识

事故之后，经现场勘查及技术分析，发现以下情况：事发地点位于电子公司五楼锂亚电池半成品（电芯）仓库，该仓库为一般货物仓库，不能存放被列入第九类危险货物的锂电池组。事发区域没有设置火灾自动报警系统和水喷雾自动灭火系统。电芯仓库与服装、运动鞋仓库之间未采用非燃烧实体墙隔离，而且仓库也未安装强制通风装置。

电子公司的仓库设置于建筑物的顶层且屋顶为亮窗；货架临近东北侧窗户；且同一仓库内的另一侧布满水管，系租赁给另一家公司用于带水标定水表；所有存放的电芯分为两种，外购的电芯采用 PVC 材料密封，自产的电芯未使用 PVC 材料密封；各项防水措施不完善。仓库内的货架为整体连排且两排布置，未用非燃烧实体墙对存放区进行小块分片隔离。所使用的电芯托盘为 400 mm×300 mm 的塑料盘，货架格板为木质，均为可燃材料。公司在仓库存放锂亚电池半成品（电芯）约 20 000 只。经调查认定，工业园 3 号楼所发生的爆燃火灾事故，是一起企业非法存放锂亚电池半成品（电芯，第九类危险货物）、企业安全管理不到位而导致的安全责任事故。

事故之后，企业要深刻吸取事故教训，对检查发现的隐患问题，能立即整改的要立即整改；不能立即整改的，要定措施、定资金、定预案、定责任、定时限，确保整改到位。要针对当前安全生产工作的重点，结合岁末年初安全生产的规律特点，超前研判可能出现的各种安全风险，制定并采取有针对性的管控措施，全力抓好各项安全防范措施落实。

74. 电动自行车长时间充电发生电气线路故障自燃引发火灾

2018 年 5 月 22 日 1 时 27 分左右，安徽省明光市沙坝小区 7 号公寓楼楼道出口处正在充电的电动自行车自燃引发火灾事故，共造成 3 人死亡、6 人受伤。

（1）事故相关情况

明光市沙坝小区位于明光市紫阳山路 60 号，共有建筑 22 栋（7 栋高层住宅，15 栋多层住宅，其中 4 号、7 号楼等为公寓）。电动自行车自燃引起大火，殃及临近 7 号公寓楼。7 号公寓楼于 2012 年 6 月开工建设，2016 年 7 月竣工，为钢筋混凝土框架结构，地上 18 层，建筑高度 52.5 m，建筑面积 15 185.22 m²，使用性质为住宅用房（公寓），1~5 层主楼投影部位使用性质为居住用房，裙房为 3 层商业用房（与主楼完全防火分隔，高度与主楼 5 层等高），标准层为通廊式，每层 2 个单元，每个单元 8 户，共 240 户，1 层主通道的门朝西开。

7 号公寓楼设置有火灾自动报警系统、自动喷水灭火系统、机械防排烟系统、室内消火栓系统、应急照明、疏散指示标志等建筑消防设施和器材。小区消防控制室原设计位于 7 号楼 1 层，但实际未按原设计方案建设。小区消防水池及泵房独立设置于地下设备用房内，小区自动喷水灭火系统、室内消火栓系统事故发生时未能正常运行。

（2）事故发生经过

2018 年 5 月 22 日 1 时 27 分，明光市消防大队接到滁州市消防指挥中心指令：明光市沙坝小区 7 号公寓楼电动自行车着火，楼上有人员被困。接警后，消防大队紧急出动 2 辆水罐车、1 辆登高平台车、1 辆抢险救援车、16 名消防队员赶赴现场救援。

1 时 43 分，消防队员到达现场，立即组织火场侦查、扑救和人员搜救疏散工作。1时52分，明火被扑灭，内攻消防队员迅速采取破拆、开窗等方式进行火场排烟，并搜救人员。搜救人员第一时间将坠落于裙楼平台的2名女性人员及受伤人员救出送医；随后，搜救人员又先后8次深入火场组织搜寻被困人员。至2时50分，7号公寓楼内被困的200多名群众全部成功疏散至安全区域。

事故造成3人死亡（其中2人当场死亡，1名伤者送医院后经抢救无效死亡）、6人受伤，直接经济损失398万元。

（3）事故原因分析

1）直接原因。经鉴定确认，居民纪某某在7号公寓楼楼梯口外给自己的电动自行车长时间充电过程中，电动自行车发生电气线路故障自燃，引燃周边停放的车辆。

2）间接原因。

①小区居民违章使用私拉乱接的充电线路充电；楼梯口违章停放车辆，堵塞消防通道，增大火灾负荷；同时，楼梯口外天井的烟囱效应致使火灾发生时火势迅速蔓延扩大，造成消防通道被封闭，人员在疏散逃生时受伤。同时，居民消防安全意识淡薄，未能正确逃生。

②物业管理单位未建立消防安全管理组织，未明确消防安全管理责任人，未制定消防安全管理制度，未落实消防安全防火巡查检查职责，小区消防安全管理流于形式，对小区消防设施大量损坏、停用等现象及电动自行车、摩托车乱停乱放，违规私拉乱接电线，在楼梯和走道等公共部位给电动自行车违规充电等隐患管理不到位。

③火灾发生时，小区自动喷水灭火系统及室内消火栓系统均处于关闭状态，消防管网均处于无水状态。小区监控室值班人员未及时发现火灾，未组织有效的初起火灾扑救。

（4）事故教训和相关知识

这起事故之后，事故当事人由于违规私拉乱接电线，阴雨天气下在楼道口外给电动自行车充电，引发火灾事故，对事故的发生负有主要责任，其行为涉嫌犯罪，被移送司法机关依法处理。

根据对近年来发生的电动自行车火灾事故的原因调查，绝大多数的火灾都发生在充电阶段。充电过程中发生火灾的主要原因是电动自行车自身电气线路短路、充电器线路过负荷、电动自行车电池故障等。根据相关调查，电动自行车的起火并非是电池质量不过关，而是使用者操作不当或相关元器件质量缺陷所致。此外，近年来发生的一些电动自行车火灾事故，其深层次的原因往往是安全保护装置失效或电池受到外界影响等。

需要注意的是，电动自行车在充电时，如果相关的安全保护装置（短路、过充保护装置）失效，就会造成电池过充。当电池被过充时，会在其负极上形成一定量的锂枝晶（指采用液态电解质的锂电池在充电时，锂离子还原时形成的树枝状金属锂单质），并产生大量热量，而快速的产热会引发电池内部各组分之间的化学、电化学反应，由此引起电池鼓包，甚至引发电池热失控。另外，市场上的电动自行车外饰材料基本都是易燃的塑料，当电动自行车的内部元器件、线路等出现短路时，很容易引燃车身，进一步加剧火势。

事故之后，相关单位要深入开展电动自行车消防安全综合治理工作，落实停放、充电管理责任，加快电动自行车充电桩建设，规范电动自行车停放、充电行为，严厉查处违规停放和充电行为。深入开展消防宣传教育培训工作，相关部门要加大电动自行车消防宣传教育培训力度，开展电动自行车充电引发火灾案例的警示教育，引导群众增强消防安全意识。特别是普及消防法律、法规及扑救初起火灾、疏散逃生等消防技能，着力提升群众消防安全综合素质。同时，要建立防火检查档案，制定消防安全重点单位、重点部位的事故处置和应急预案，定期组织演练。此外，要吸取事故教训，全面深入排查治理消防安全隐患，特别是对高层建筑、住宅小区、安置房工程等重点场所要排查整治到位，及时补齐消防安全设施设计审查（报备）、验收方面存在的短板，坚决堵塞消防安全监管漏洞。

75. 食品店液化石油气泄漏达到爆炸极限遇火引发爆燃

2013年7月24日7时35分许，位于北京市东城区光明中街的北京某食品有限责任公司（本案例中简称食品公司）光明中街店，在进行面包制作烘烤时，发生一起燃气泄漏爆燃事故，事故导致2人死亡、22人受伤。

（1）事故相关情况

食品公司成立于1996年9月，是一家以食品生产为主的有限责任制公司，拥有一座大型中央工厂和160多家独立投资店铺。

（2）事故发生经过

2013年7月23日20时许，食品公司光明中街店违法供气人王某某使用了不具有危险品运输资质的普通民用面包车，将事故发生时使用的液化石油气钢瓶运送至该店，并实施了换装。在这次运送过程中，无危险品押运人员陪同进行运输。而这次换装的液化石油气钢瓶，是由北京某石油液化气供气站（本案例中简称供气站）违法违规充装的钢瓶，事发时此钢瓶与面包烤箱相连接。

7月24日6时20分，导购兼收银员周某与面包师张某到达食品公司光明中街店。周某进行货物清点，张某进行烤面包前的准备工作。7时许，张某在使用连接着液化石油气的烤箱烘烤完一箱面包后，发现屋内有液化石油气的味道，发现液化石油气钢瓶有泄漏情况，便试图关闭液化石油气钢瓶阀门，但是没有成功，于是告诉了一同工作的周某。7时33分，周某拨打了"119"报警电话，报告液化石油气泄漏情况。7 时 35 分，食品公司光明中街店内发生爆燃。

7 时 45 分，13 辆消防车、80 名消防队员等救援力量相继到场，进行抢救工作。经全力抢险，明火于 8 时 3 分被扑灭，事故现场的 2 只液化石油气钢瓶被抬出。

（3）事故原因分析

1）直接原因。王某某非法经营燃气，食品公司光明中街店超范围经营食品，违法使用液化石油气，液化石油气泄漏达到爆炸极限后遇电气设备打火引发爆燃。

2）间接原因。

①食品公司对下属的光明中街店安全管理缺失，致使其超范围经营食品、违法使用液化石油气的行为长期存在。该店于 2013 年 2 月擅自改造烘烤设备，使用液化石油气烘烤面包，违规使用瓶装液化石油气，未按要求向房屋出租单位提出使用液化石油气的申请。

②该店使用未在相关部门办理使用登记的液化石油气钢瓶并违规放置在通风不良的消毒间内；违规采用软管穿墙的方式将液化石油气钢瓶与燃气烤箱进行连接，且房间门违规向内开启。

③该店安全管理缺失，未对光明中街店员工实施安全培训教育。在相关部门日常检查过程中，仍存在使用液化石油气的行为。

④违法供气人王某某不具备液化石油气经营资质，自 2008 年开始一直违法经营、运输液化石油气。

⑤供应站非法经营、违规充装液化石油气。该供气站拒不执行行政执法指令，擅自非法经营液化石油气；明知王某某个人不具备液化石油气经营资格，仍长期为其充装液化石油气供其非法贩卖。

（4）事故教训和相关知识

事故之后，经过专家技术组分析，造成液化石油气泄漏的原因如下：泄漏点为液化石油气钢瓶燃气管路调压器处，泄漏的液化石油气被静电火花或其他可能的火源引燃产生明火，并持续燃烧，将调压器腔体烧损，同时将调压器腔体和手轮之间的管路烧坏，调压器腔体与调压器手轮脱离后掉落。此后，调压器手轮被人为从瓶阀上拧下（调压器手轮螺纹为反牙左旋结构设计），瓶阀处于开启状态，在人为试图关闭瓶阀时，却拧向了相反方向（瓶阀手轮的螺纹是正牙右旋结构设计，与调压器手轮螺纹正好相反），使得瓶阀继续向开启方向旋开，超过正常极限开启位置半周至 4.5 牙螺纹，致使液化石油气从瓶阀出气口大量泄漏。

现在使用液化石油气的用户越来越多，在使用中应特别需要注意安全，如果在安装、使用、应急处置等环节出现问题，就会导致火灾爆炸事故。在液化石油气安装、使用、应急处置等环节要注意以下事项：

1）安装环节。应独立设置管道燃气计量间、罐装燃气的气瓶间，并靠近外墙，不要堆放易燃易爆物品。因液化石油气密度比空气大，应在房间底部设置通风口。房间内应使用防爆照明灯具和电源开关。应在管道上安装快速切断阀，在室内安装燃气浓度检测报警装置，并能够与快速切断阀联动。燃气管道和器具应选用质量合格的产品，安装完成后，应当进行燃气泄漏测试。选用质量合格的液化石油气钢瓶。

2）使用环节。对于管道燃气，要定期检查阀门和软管是否松动老化，并及时更换；不要把燃气管道作为负重支架或者电气设备的接地导线；不得擅自拆除、改装、迁移、安装室内管道燃气设施；严禁使用明火检查燃气泄漏。对于罐装燃气，不要把煤气罐靠近热源和明火，也不能将煤气罐放在阳光下曝晒或放在热水盆中加热；不要倒灌瓶装液化石油气；不要摔、砸、滚动、倒置气瓶；不要加热气瓶、倾倒瓶内残液或者拆修瓶阀等附件。此外，无论使用哪种燃气，人的因素还是最重要的，使用过程中不能离开，使用完毕后要切断燃气阀门，而不是仅关闭燃气灶上的开关。

3）应急处置。为了引起人们警觉，民用燃气中一般都加有带刺激性气味的气体，闻到异味或听到燃气泄漏报警，应立即关闭燃气开关，开窗通风，注意不要开、关电源，报请物业或燃气供应单位检查、维修。一旦发生燃气爆炸，一般都会伴有燃烧起火、建筑物开裂等次生危险，此时应克制惊慌情绪，利用现场简易灭火器材，控制和扑救火灾；迅速关闭阀门，同时报警；在公共场所，现场工作人员要有序疏散被困人群；在火势失控情况下，不要贪恋财物，迅速逃生，避免次生灾害。

76. 过氧化氢运输槽车制造工艺不符合要求引发爆炸

2011 年 6 月 3 日 19 时，一辆装载 20 t 过氧化氢的槽车在 323 国道广西寨沙路段发生爆炸，造成事故车辆损坏、交通中断 9 h。

（1）事故发生经过

2011 年 6 月 3 日 17 时，一辆装载 20 t 过氧化氢的槽车行驶到 323 国道鹿寨县寨沙路段一坡顶处，司机张某从后视镜中看到有液体溢出，随即将车子停靠到公路右侧检查。张某与押运员陈某爬到罐顶上，打开快开式人孔盖查看，发现里面的液体在冒气泡，如开水般沸腾并溢出，流到地面冒起白烟，且越来越剧烈，2 人不知如何处理，束手无策。约 18 时，2 人让过路的司机向"110"报警。约 18 时 10 分，鹿寨县交警来到现场实施交通封锁。

19 时左右，罐体发生剧烈爆炸，罐体全部解体，挂车大梁弯曲变形，牵引车车头损坏，大量过氧化氢喷出，此时，鹿寨县安监、公安、消防及相关部门工作人员先后到达现场。约 21 时 20 分，罐体下部排料阀橡胶垫片因高温软化并在罐内压力下被挤出，罐内过氧化氢从阀门喷出。为了排出罐内的过氧化氢，防止因反应压力过高发生爆炸，消防救援人员在消防水炮掩护下，将罐体下部出料球阀打开，排出罐内的过氧化氢，事故才被彻底控制。此次事故除运输车辆及罐体损坏外，所幸未造成人员伤亡。

（2）事故原因分析

1）直接原因。发生爆炸事故的过氧化氢槽车的材质、制造工艺及罐体结构均不适合装载过氧化氢，该槽车是为运输轻质燃油而设计、制造的，且罐体无测温装置，排气孔过小、无防尘罩等。

2）间接原因。

①该槽车的出料阀及人孔盖密封垫均采用普通橡胶垫。普通橡胶为高分子可燃有机物质，遇到高温容易软化，同时可诱发过氧化氢发生连锁放热分解反应，导致爆炸。

②运输人员未接受培训就取得了资格证书，其中既有发证机关的管理疏漏问题，也与承运单位不重视有关，致使运输人员缺乏相关知识，对突发事故束手无策，这也是造成本次事故的重要原因。

（3）事故教训和相关知识

在这起事故中，运送过氧化氢的司机及押运员缺乏相关知识，遇到突发情况不知道如何处置，而运送过氧化氢的槽车是按照运输轻质燃油技术标准设计和制造的，材质和制造工艺及罐体结构均不适合装载过氧化氢，罐体无测温装置，排气孔过小、无防尘罩等。由于人员不符合规定要求，车辆不符合规定要求，在这种情况下发生事故不可避免。

按照规定要求，司机和押运员必须经过正规的危险化学品安全知识、危险化学品运输安全知识培训，并经考核合格，掌握危险化学品安全知识后方可持证上岗。不熟悉安全制度和易燃易爆物品性质的人员，不得单独从事这些物品的搬运和运输工作。这样的规定，不仅是保障安全运输的需要，也是保障人员安全的需要。因缺乏危险化学品安全知识而导致的事故并不罕见。

2000年5月19日，吉林某公司4名司机驾驶载有50 t丙酮氰醇的罐车，在途经宁河县境内205国道大北开发区路段时与对向行驶的大货车相撞，罐阀被撞断，丙酮氰醇喷洒至地面和河沟。4名司机在未采用任何防护用品的情况下进行堵漏，其间，2名司机的衣服和鞋被溅湿。在堵严罐口后，4人到附近旅店冲洗，其中一名司机冲洗不彻底，又没有及时更换衣服和鞋，于次日凌晨发生头晕、手抽搐、呕吐现象，经医院抢救无效死亡。其余3人也有相同症状，经治疗好转。事故原因就是人员缺乏有关化学品知识、安全防护知识和应急处理知识，事故发生后，衣服和鞋袜都沾上了化学品，人员也接触了化学品，如果有化学品方面的知识，就不会麻痹大意，会细致地进行处理，从而消除危害。可惜的是，企业安全教育不够，个人又缺乏这方面的知识，由此而导致死亡事故的发生。

运输不同危险化学品的槽罐应按特殊要求进行设计和制造。运输过氧化氢的槽罐，其罐体材质应使用超低碳奥氏体不锈钢，内表面应经抛光和钝化处理。排气孔的泄放量应根据罐体容积进行计算确定，排气管上应带有防尘装置，罐体上应设有测温装置。人孔、出料阀法兰密封垫应采用耐高温以及不与过氧化氢发生催化作用的材料。

事故之后，事故企业要根据《危险化学品安全管理条例》规定，用于危险化学品运输工具的槽罐以及其他容器必须由专业生产企业定点生产，并经检测、检验合格才能使用。在装运危险化学品时，要针对其不同特性，选择正确合格的罐体，实行专罐专用，对不符合安全要求的罐体，不得装运。

77. 电子显示屏附近没有安装断路器人员触电死亡

2016 年 8 月 7 日 21 时 30 分许，某学院（本案例中简称学院）城南校区发生一起触电事故，造成 2 人死亡、2 人受伤，直接经济损失约为 200 万元。

（1）事故相关情况

徐州某电子科技有限公司（本案例中简称科技公司）于 2003 年 3 月 27 日注册成立，经营范围：计算机及外围设备、网络设备、网络综合布线、安防监控设备销售、安装等。

2011 年暑假前，学院决定在城南校区门口安装电子显示屏，通过商谈，确定由科技公司施工，总价格 8 万多元。因为项目不涉及强电，所以没有要求企业具有强电资质。2011 年 9 月 8 日左右，电子显示屏开始施工安装，大约两周后完成主体工程。在进行调试时，为了方便控制电子显示屏，院方要求现场施工人员把电子显示屏的控制开关由配电箱转接到办公楼二楼西侧第一个房间。施工人员帮助敷设了电源线，院方人员接通了电源。

（2）事故发生经过

2016 年 8 月 7 日晚，徐州市突降暴雨，2 小时降水量达 115 mm，造成学院城南校区图书馆西侧混凝土路面积水约 30 cm 深。21 时 30 分许，该校 3 名大学生吴某某、陈某某、蔡某从教室晚自习后返回宿舍途中，经过图书馆西侧混凝土路面减速带附近时发生触电事故。

事故发生后，学院工作人员立即拨打"120"急救电话和"110"报警电话，3 名触电人员随即被送往徐州市中心医院抢救。吴某某、陈某某经医院抢救无效，于 8 月 8 日死亡；蔡某因电击有肌肉拉伤及皮肤擦伤，当日住院观察治疗，8 月 15 日康复出院；学院保安王某在施救时手指关节受外伤，包扎后进行输液治疗，次日，经医院进一步检查无其他伤害后出院。

（3）事故原因分析

1）直接原因。电缆破损造成穿线钢管带电，学院城南校区图书馆西侧混凝土路面约有 30 cm 的积水，3 名学生从教室返回宿舍途经此地发生触电事故。

2）间接原因。

①电子显示屏附近没有安装断路器，是导致事故发生的间接原因。

②电子显示屏使用单位任意改变控制开关位置，由原配电箱转接到办公楼二楼西侧第一个房间。

③供电的单芯电缆穿钢管暗敷于混凝土路面，没有采用双层金属层外覆聚氯乙烯护套的防水型可挠金属电线保护套管，不符合有关规范和规程的要求。

④混凝土路西侧路牙石下有 15 cm 单芯电缆没有任何穿管保护，为直埋敷设。

⑤学院安全管理责任不明确，事故隐患排查治理不到位，对该施工项目监督检查和验收不到位。

（4）事故教训和相关知识

事故之后，经调查组现场勘查，发现以下情况：

电子显示屏供电是从城南校区图书馆配电室 06 号 GCK-0.4 型开关柜中的操作单元出线后到电子显示屏东侧落地不锈钢配电箱内，由一根 10 mm² 红色无护套电缆（火线）通过绞合（未通过断路器）连接，再从不锈钢配电箱下部出线穿塑料管向东埋于草坪下，然后刻槽穿 6 m 长直钢管通过混凝土路面，再穿塑料管埋于草坪下，经过教育与科学技术学院办公室串联 2 个单极断路开关，连接一根 10 mm² 蓝色单芯硬导体无护套电缆原路返回，与来时的红色电缆穿在同一管内回到电子显示屏东侧落地不锈钢配电箱内，作为火线绞合连接到电子显示屏的电源线上。在落地不锈钢配电箱内，从配电室敷设过来的电缆零线通过绞合与电子显示屏的另一根电源线连接在一起，完成对电子显示屏的 220 V 供电。

发生触电事故的电缆穿线钢管槽紧靠减速带，减速带宽度 35 cm。电缆穿线钢管槽宽 10 cm，槽的深度较浅，在混凝土路的中间区域电缆穿线钢管上端覆盖的水泥层较薄，经过汽车的行驶碾压与震动，穿线钢管上覆盖的水泥层已脱落，穿线钢管已暴露锈蚀。

混凝土路宽 7.06 m，穿线钢管约 6 m 长。穿线钢管东端距离混凝土路东侧 1.06 m，与塑料穿线管对接；穿线钢管西端在混凝土路西侧路牙石内侧，电缆出穿线钢管向下弯曲，在没有任何穿管保护的条件下穿过路牙石底部与草坪的塑料穿线管连接。

供电的电缆采用的是单芯无护套电缆穿钢管暗敷于混凝土路面，没有采用双层金属层外覆聚氯乙烯护套的防水型可挠金属电线保护套管，违反相关规定。暗敷钢管西端电缆出线处单芯电缆与钢管边缘没有保护措施，也不符相关规定要求。

电缆漏电点在混凝土路西侧路牙石内侧 3 cm 处，在穿线钢管最西端。2 根电缆（红色、蓝色）的绝缘已完全损坏，导体完全裸露腐蚀，其中蓝色电缆导体已腐蚀烧断，蓝色线芯表面绝缘已烧焦。从漏电点电缆的损坏程度可以看出，电缆绝缘已损坏较长时间，电缆产生漏电也已较长时间。因此，这起事故被认定是一起由于学院安全管理不到位、事故隐患排查治理不彻底、施工人员安全规程和规范执行不到位造成的责任事故。

对这起事故，事故责任单位要认真吸取事故教训，切实加强用电安全管理，在安装、调试、维修和保养电气设施设备时，要严格执行国家标准和规范。电力电缆等危险性管线沿线要按规定设置标志牌。

要组织开展电力线路和电气设备专项安全检查，对事故隐患严重、不符合安全要求的用电设备、设施和供电线路，要采取措施坚决淘汰并及时更新，确保用电安全。此外，要建立、健全并严格落实安全责任制和各项规章制度，加强校园安全管理，强化安全检查，特别要加强供电、消防隐患的排查治理。要加强对外来施工单位集中统一管理，强化外来施工人员安全教育和培训，监督外来施工人员严格遵守安全生产规章制度和操作规程。要严格落实安全生产主体责任，抓好各项安全生产措施的落实，全面提高安全管理水平，坚决防范类似事故再次发生。

78. 污水井潜水泵金属外壳带电施工人员查看时发生触电

2011 年 8 月 1 日，北京某物业管理有限责任公司（本案例中简称物业公司）在海淀区大钟寺东路太阳园小区 12 号楼东北侧发生一起触电事故。北京某工程技术有限公司（本案例中简称工程公司）1名施工人员在查看 12 号楼东北侧污水井内的水泵时，不慎触电，后经抢救无效死亡。

（1）事故相关情况

工程公司成立于 2010 年 12 月，经营范围：专业承包、劳务分包、工程技术咨询等。

2011 年 7 月 15 日，物业公司太阳园分部与工程公司签订太阳园小区 12 号楼污水管线维修合同。因太阳园小区 12 号楼北侧的污水管线堵塞，物业公司太阳园分部为保证居民正常生活并配合工程公司的污水工程维修施工，在太阳园小区 12 号楼东北侧的污水井内安装了一台潜水泵和一个浮球液位控制器。浮球液位控制器绑扎插在污水中的金属杆上，当污水井内污水上升到一定高度时，浮球液位控制器启动潜水泵运行，将污水井内的污水排出。潜水泵由物业公司太阳园分部负责管理。工程公司根据合同约定，安排王某某等 7 名工人，在 12 号楼北侧进行污水工程改造维修施工作业，该处的管道连至 12 号楼东北侧的污水井。

（2）事故发生经过

2011 年 8 月 1 日 7 时左右，工程公司安排王某某等工人到 12 号楼北侧进行污水工程改造维修施工作业。在施工作业过程中，潜水泵出现故障，导致作业处所积污水过多，王某某未通知物业公司太阳园分部，自己到 12 号楼东北侧污水井处查看潜水泵运转情况，当他手握金属杆触发浮球液位控制器开关时突然倒地。现场工人立即关闭电源并拨打"999"急救电话，王某某经"999"急救人员现场抢救无效死亡。北京某司法物证鉴定中心对王某某死亡原因进行鉴定，确定王某某为触电死亡。

（3）事故原因分析

1）直接原因。物业公司太阳园分部安装于污水井内的潜水泵定子线圈烧毁，漆包线有多处带电体外露并与机体外壳接触，导致潜水泵金属外壳及井内污水带电，王某某在未采取任何安全防护措施的情况下，触发浮球液位控制器开关，手握与污水接触的金属杆时触电，导致事故发生。

2）间接原因。物业公司太阳园分部安装、使用潜水泵过程中安全管理缺失。《北京市建筑工程施工安全操作规程》（DBJ 01—62—2002）规定，潜水泵必须做好保护接零并装设漏电保护装置，潜水泵工作水域 30 m 内不得有人畜进入。经鉴定，物业公司太阳园分部安装的潜水泵无保护接零，未装设漏电保护装置，而且未在污水井周边设置相应的安全标志，也未安排专人看管，造成污水井用电场所存在事故隐患，最终发生事故。

（4）事故教训和相关知识

潜水泵因小巧轻便、便于移动，受到广大用户的喜欢，在建筑施工、农业生产、淡水鱼养殖中广泛应用。但是，在潜水泵的使用过程中，如果安装不好、电线连接不好，也会发生漏电现象，导致人员触电身亡。类似事故经常发生，需要格外注意。

在潜水泵的使用过程中，要注意以下安全要求：①所有潜水泵使用前应进行检查，经检查合格后方可使用。②潜水泵电缆必须按标准悬挂好，电缆不得有中间接头，不得使电缆受力，避免因漏电造成跳闸事故和人身触电事故。③潜水泵开关控制箱内必须安装符合规定的漏电保护装置，并定期检查。④潜水泵在运行中发生故障进行检修、拆除、安装时，必须首先停电并且锁住开关，悬挂"有人工作，严禁送电"警示牌，严格执行停送电操作规程。

除此之外，潜水泵机组下水时切勿使电缆受力，以免引起电源线断裂。潜水泵不要沉入泥中，否则会导致散热不良而烧坏电机绕组。潜水泵安装好后，应再次从开关处检查绝缘电阻和三相导通情况，然后检查仪表和启动设备，关闭闸阀（稍留些空隙），合上开关，启动电机后，再慢慢打开闸阀，调整到所需要的流量。观察仪器指示是否超过铭牌规定的电压、电流。倾听电泵运转有无噪声、振动等异常现象。潜水泵第一次投入运转 4 h 后需要暂停，迅速测试热绝缘电阻，只有在不小于 0.5 MΩ 时，才能继续运转。不要频繁地开关，因潜水泵停转时会产生回流，若立即开机，会使电机负载启动，导致电流过大而烧坏绕组。潜水泵切勿长期超负荷运转，不抽含沙量大的水，脱水运行的时间不宜过长，以免使电机过热而烧毁。潜水泵常年运转时，要定期测量电源电流、工作电压和绝缘电阻是否正常，如发现不正常现象时，立即停机排除故障。

79. 临时用电未使用保护零线且未设置漏电保护装置导致触电

2016 年 8 月 18 日 19 时 30 分许，在由南通某建筑集团有限公司（本案例中简称建筑公司）施工的某外国语学校（吴桥校区）修缮工程，发生一起触电事故，致 1 名施工作业人员死亡。

（1）事故相关情况

建筑公司创建于 1958 年 12 月，系房屋建筑工程施工总承包特级资质企业，具有消防设施、机电设备、起重设备安装工程专业承包一级资质，市政公用工程总承包二级资质及装修装饰专业承包二级资质。公司下设南京、北京、上海、天津、苏州、无锡、宜兴、南通、徐州、杭州、镇江、通州等分公司。

2016 年 6 月，该外国语学校（本案例中简称外国语学校）与建筑公司口头约定由建筑公司承包外国语学校（吴桥校区）修缮工程的施工，施工工期至 2016 年 8 月底。承接工程后，建筑公司即组织施工力量进场施工。至事故发生时，修缮工程进度约为总工程量的 75%，正在进行操场西北侧地坪（水泥地）的打磨施工作业。

（2）事故发生经过

2016 年 8 月 18 日，建筑公司瓦工班班组长黄某某安排本班作业人员鲍某某、张某某、陈某某 3 人，到外国语学校（吴桥校区）进行地坪（水泥地）的打磨施工。施工至晚饭时，因晚上加班需要，鲍某某去仓库领取了一个拖线板和带有钢管支架的碘钨灯，钢管支架高约 2 m，可垂直立于地面。鲍某某先将拖线板的插头插于外国语学校（吴桥校区）教学楼一楼的插座处，后将连接碘钨灯的插头插于拖线板上，看到碘钨灯亮后即离去。

19 时 30 分许，张某某推着打磨机在打磨地坪，陈某某双手握着固定着碘钨灯的钢管支架准备往张某某方向移动时，突然"啊"的一声仰面倒于水泥地面上，钢管支架随后倒地横压在陈某某身上。张某某见状后判断钢管支架带电，立即跑到拖线板处，拽掉连接碘钨灯的电线插头，并朝着宿舍方向呼喊"救命"。听到呼喊声后，张某某和赶过来的工友一起对陈某某进行紧急施救，并送至医院抢救，陈某某经抢救无效于当日死亡。

（3）事故原因分析

1）直接原因。施工临时用电线路未使用保护零线，且未设置漏电保护装置，违章作业，且施工电器发生漏电，导致触电事故发生。

2）间接原因。

①建筑公司外国语学校（吴桥校区）施工现场安全管理存在明显漏洞，临时用电管理混乱，临时照明线未按规定架设。

②安全检查制度执行不严，未及时发现未设置漏电保护装置的事故隐患。

③建筑公司安全管理存在薄弱环节，对外国语学校（吴桥校区）施工现场的安全生产工作督促检查不力，未及时发现和纠正施工现场临时用电管理和事故隐患排查治理工作等方面存在的问题。

（4）事故教训和相关知识

在这起事故中，触电的原因是施工临时用电线路未使用保护零线，且未设置漏电保护装置，在发生漏电时失去保护。

漏电保护器简称漏电开关，又叫漏电断路器，主要用于在设备发生漏电故障时，对有致命危险的人身触电实施保护；同时还具有过载和短路保护功能，可用来保护线路或电动机的过载和短路。

在建筑施工现场，电是不可缺少的能源，而且随着建筑规模的不断扩大和科学技术的发展，施工现场的用电设备种类日益增多，使用范围也随之扩大。建筑施工有高处作业、露天流动作业等特点，施工现场的安全用电技术工作难度大。在施工现场，为确保建筑电气安全，国家发布了《施工现场临时用电安全技术规范》（JGJ 46—2005），对防止触电事故的发生，保障施工现场安全用电提出了具体的要求。

设置漏电保护器的要求主要如下：①施工现场的总配电箱和开关箱至少应设置两级漏电保护器，而且两级的漏电动作电流和额定漏电动作时间应做合理配合，使之具有分级保护的功能。②开关箱中必须设置漏电保护器，施工现场所有用电设备，除做保护接零外，必须在设备负荷线的首端处安装漏电保护器。③漏电保护器应安装在配电箱电源隔离开关的负荷侧和开关箱电源隔离开关的负荷侧。④漏电保护器的选择应符合相关规定要求，开关箱内的漏电保护器额定漏电动作电流应不大于 30 mA，额定漏电动作时间应小于 0.1 s。

在实际的施工现场临时用电中，经常存在不规范的情况。有的施工现场不按照有关的技术规范和措施要求去做，只要能用上电，其他一概不论。有的施工现场对临时性工作不重视，没有建立必要的责任制和检查、维修、测试、操作等正常的技术管理制度；有的虽然建立了相关制度，但相关制度没有真正得到落实和执行，形同虚设。对作业人员不进行必要的有关安全用电方面的教育，也是导致人员触电事故发生的重要因素。

80. 施工现场临时用电未接通漏电保护器导致人员触电

2017 年 8 月 21 日 15 时许，吉林省吉林市某建筑工程有限责任公司（本案例中简称建筑公司）在吉林市农业科学院（本案例中简称农科院）消防设施改造工程项目施工过程中，一名工人在使用临时用电电源时触电死亡。

（1）事故相关情况

建筑公司成立于 2013 年 6 月 7 日，经营范围：房屋建筑工程、建筑装修装饰工程等，资质类别及等级为建筑工程施工总承包三级、市政工程施工总承包三级。

2017 年 3 月 1 日，建筑公司通过投标程序中标后，与农科院签订了消防设施改造工程项目合同，该工程于 2017 年 4 月末开始施工，建筑公司委派兴某某（后由朱某某代替）作为项目施工负责人组织现场施工作业。2017 年 4 月 22 日，兴某某将项目施工中的砼浇筑、抹灰等工程项目发包给自然人王某某组织施工。施工过程中，兴某某临时雇用电工设置施工现场临时用电开关箱（距消防泵房西侧 10 m 左右）。事故发生前，建设项目已完成主体施工，进入收尾阶段。在收尾施工期间，王某某从临时用电开关箱引出两芯电缆线供施工使用，使用后将电缆线（含插座）盘在临时用电开关箱附近。2017 年 8 月 21 日，朱某某让王某某安排人员清理施工现场。

（2）事故发生经过

2017 年 8 月 21 日 13 时左右，王某某带领工人张某某、冯某到达农科院消防设施改造工程项目施工现场，安排 2 人到消防蓄水池底部（位于地下 3.8 m）清理垃圾及切割露出蓄水池地表面的钢筋。张某某与冯某将盘在临时开关箱附近的电缆线（含插座）引入消防蓄水池内使用。为便于切割施工作业，2 人将积水用铁锹通过预埋套管孔（下端高于设备间地面约 20 cm）排至西侧隔壁的消防设备间内。为防止设备间积水过多引起倒灌，张某某将电缆线（含插座）从蓄水池移至设备间内，试图利用设备间原有污水泵将积水排出室外，冯某留在蓄水池中等待。15 时 30 分左右，工人朱某进入消防水池泵房乘凉，发现张某某坐在设备间北侧的集水坑中不动，意识到可能出现问题，朱某跑到设备间外将情况告诉买东西回来的王某某。王某某与朱某某、冯某下到设备间底部，发现张某某右手握着电源插座坐在水中已无生命体征。拨打"120"急救电话后，经"120"急救人员现场确认，张某某已死亡。经鉴定，张某某系电击死亡。

（3）事故原因分析

1）直接原因。施工现场临时用电未采取 TN-S（三相五线制）保护系统，电缆线未接通漏电保护器。张某某在使用电缆线连接污水泵时触电，漏电保护器未起到保护作用，是造成这起事故的直接原因。

2）间接原因。

①建筑公司前期施工现场负责人未能落实临时用电安全保障措施，未制定现场临时用电方案并报监理单位审批。后期施工现场负责人未及时发现并消除临时施工用电开关箱设置存在的事故隐患。

②建筑公司安全管理责任未能有效落实。委派的项目负责人未取得相应执业资格，未配备专职安全管理人员。

③监理单位未能依法履行监理职责。在发现建筑公司委派的项目负责人未取得相应执业资格，未配备专职安全管理人员等事故隐患后，未能依法依规采取有效措施履行监理职责。

（4）事故教训和相关知识

从事故经过来看，施工人员把临时开关箱附近的电缆线（含插座）引入消防蓄水池内使用，在将电缆线（含插座）从蓄水池移至设备间内，试图利用设备间原有污水泵将积水排出室外时，发生触电。由于没有设置漏电保护器，人员触电后不幸身亡。

漏电保护器在反应触电和漏电保护方面具有高灵敏性和动作快速性，这是其他保护电器，如熔断器、自动开关等无法比拟的。自动开关和熔断器正常时要通过负荷电流的动作保护值超越正常负荷电流来整定，因此主要作用是用来切断系统的相间短路故障（有的自动开关还具有过载保护功能）。而漏电保护器是利用系统的剩余电流反应和动作，正常运行时系统的剩余电流几乎为零，故它的动作整定值可以很小（一般为 mA 级）。当系统发生人身触电或设备外壳带电时，会出现较大的剩余电流，漏电保护器则通过检测和处理这个剩余电流后可靠地动作，切断电源。电气设备漏电时，将呈现异常的电流或电压信号，漏电保护器通过检测、处理此异常电流或电压信号，促使执行机构动作。根据故障电流动作的漏电保护器叫电流型漏电保护器，根据故障电压动作的漏电保护器叫电压型漏电保护器。由于电压型漏电保护器结构复杂，受外界干扰动作特性稳定性差，制造成本高，现已基本淘汰。国内外漏电保护器的研究和应用均以电流型漏电保护器为主导。

在这起事故中，施工现场的用电应该落实临时用电安全保障措施，即三级配电、两级保护。三级配电是指总配电箱（间）、分配电箱及开关箱。两级保护是指分配电箱和开关箱均必须经漏电保护开关保护。如果设置了漏电保护器，那么这起事故就有可能避免。

班组应对措施和讨论

在工业生产中存在各种危险，危险是指可能导致事故的状态，是发生事故的先决条件。危险主要表现在 3 个方面，即生产空间（环境）危险、设备设施危险、人员操作危险。对于这 3 个方面的危险，要采取不同的对策、不同的措施予以解决，其中最主要的，还是要调动现场作业人员的积极性，充分发挥他们的重要作用。

（1）排查小隐患预防大事故

一个企业要想保持长时间安全、平稳运行，需要做好许多工作，其中之一，就是要使生产作业现场的班组人员能够掌握隐患辨识的方法，及时发现并辨识出事故隐患，并通过解决小隐患预防大事故。以下介绍几个排查事故隐患的事例。

1）迎面飘来一缕氨味让他警觉起来。

2009 年 8 月 5 日 6 时许，某石化公司尿素装置化工二班班长程晓峰像往常一样在现场巡检。当他巡检至框架四楼 E2202 高压甲胺冷凝器边时，迎面飘来一缕氨味，这立刻让他警觉起来。程晓峰有 20 多年的工作经验，闻到氨气味道，立刻意识到设备可能存在隐患，他围绕着高压甲胺冷凝器一遍又一遍地反复进行检查，终于发现氨味是从高压甲胺冷凝器一块不起眼的保温铝皮中散发出来的。"是设备下封头泄漏"，他果断判断，"这台尿素生产的关键设备出现了问题，这可是关系安全生产的大事，必须马上向领导报告。"经装置分管领导和专业组工程技术人员检查确认，正是化肥尿素装置四大关键设备之一的高压甲胺冷凝器（E2202）封头下弯管处泄漏。

这一重大发现，不但及时控制了生产险情，挽回了有可能停车的巨大经济损失，而且为下一步处理争取了时间，为化肥装置整体的安全稳定、长周期运行消除了障碍。程晓峰也因此受到员工的称赞和好评。

2）听到漏气声之后的及时处置。

2005 年 3 月 7 日上午，某石化公司安全工程师进行正常巡检，当检查到某分析站的氮气钢瓶间时，听到"哧哧"作响的漏气声，凭经验意识到不是一般的泄漏，不妥善处理必定会发生大的事故。他立即联系安全员到现场，查找原因。原来，车间广泛使用装置氮气作为色谱用载气，一直很平稳，最近在线氮气质量不稳，不能满足色谱用纯度，遂切换钢瓶氮气使用，同时对在线氮气从钢瓶间的缓冲罐排放口进行排放吹扫（而且以后可能成为经常性作业）。

为了保障安全，他们立即采取安全防范措施：一是将钢瓶间氮气吹扫排放口用软管连接外排到室外，防止氮气在房间内聚集。二是进行吹扫时，门上挂安全警示牌"氮气吹扫，当心窒息"，防止不知情人员误操作或造成窒息。三是吹扫完毕，进行关闭阀门操作时，必须2人进行，其中1人进行监护。四是如果操作已经造成氮气聚集，进入时必须佩戴正压式空气呼吸器，防止窒息事故发生。

3）开展合理化建议活动促安全。

2009年7月的一天，某石化公司丙烯腈部专业组安排检修单位对催化剂小型加料斗V-103进行了改造，在V-103抽真空线位于反应器R-101五楼处增设了一块压力表。此举赢得了员工一片叫好声。以前在调整V-103压力时，操作人员需爬到五楼调节抽真空阀跨线阀开度，然后下到二楼查看压力表的指示。这一上一下便是六层，尤其在酷暑季节更是让人难以忍受。增设压力表以后，既省时省力，又能很好地保障R-101催化剂正常加入。

这项技改是该部专业组从安全月"合理化建议"中筛选出来，经考察论证后作出的决定。该部每年都以"安全生产月"活动为契机，在员工中广泛征求合理化建议，内容涉及事故隐患、设备隐患、技改技措等方面，各专业班组对收集来的建议进行评选、审查、归类。建议一旦被采纳，便会安排人员实施整改，并对建议人给予一定的奖励。

通过这项活动，丙烯腈部在2009年的"安全生产月"活动中，共收到合理化建议108条，通过审议之后采纳建议30多条。前前后后几十项安全建议，促进了企业安全，保障了生产装置的长周期平稳运行。

（2）如何预防和控制设备事故

对企业来讲，设备安全运行能促进生产发展；设备的异常状态能导致事故发生，破坏生产发展，使企业失去经济效益。因此，设备是重要的安全管理对象。

现代化生产中，人与设备是不可分割的统一体。没有人的作用，设备是不会投入运行的；没有设备，也难以进行生产。在设备的安全管理上，要注意抓好以下工作：

1）选购合格设备。要根据生产需要、技术要求、产品质量，选购合格设备。同时，在设计制造上要有安全功能，如回转机械要有防护装置，冲剪设备要有保险装置，有些设备系统根据需要应有自动监测、自动控制装置，易燃、易爆场所要选用防爆设备等。

2）做好设备的安装、调试和验收。凡是新投入使用的设备，不论是选购的，还是自制的；不论是需要安装、调试的，还是不用安装的，都要按设计规定，对设备的技术性能、质量状态、安全功能进行全面严格验收。发现问题时必须加以解决，并要经过试运行确认无误后，才能正式投入使用。

3）为设备安全运行提供良好的环境。良好的环境是设备安全运行必备的条件。例如，固定设备的布局要合理，有必要的防污染、防腐、防潮、防寒、防暑等设施，从而使环境中的温度、湿度、光线等都能达到设备安全运行的要求。流动性设备的环境因素也非常重要，如汽车的路面、火车的轨道、船舶和飞机的航线，均要达到保障安全运行的要求。

4）为设备安全运行提供人的素质保证。凡是从事设备管理的工程技术人员、操作使用人员和维修人员，都要努力学习管理、使用、维修设备的知识，具有自我预防、控制设备事故的技能。其中，危险性较大设备（如锅炉）、起重设备司机等特种作业人员，还要经过专业培训，使其爱护设备、熟悉性能、懂维护保养、会操作使用、能排除故障、具有应变能力，并经过考试合格后，持证方可上岗作业。

5）建立安全规程，保障设备安全运行。建立、健全安全规程用于规范人的行为，是强化设备安全管理，保障设备安全运行的法制手段。例如，建立设备管理机构和责任制，明确法定职责；建立设备安全运行规程，做好设备运行记录，掌握设备情况，发现问题及时处理；建立设备检修规程和安全技术操作规程等，并要做到有章必循、违章必纠、执法必严。严禁违章指挥、违章作业，从而确保设备安全运行。

6）做好设备的定期修理。按照设备事故的变化规律，定期做好设备修理，是保障设备性能，延长使用寿命，巩固安全运行可靠性的重要环节。设备修理的种类，按照设备性能恢复程度，一般分为小修、中修和大修3种类型，同时又分为检查后修理、定期修理和标准修理。其中，标准修理适用于危险性较大的设备，如汽车、锅炉、起重设备，到了规定时间，不论设备技术状态怎样，都必须按期进行强制性修理。关于设备修理的具体内容和方法，各行业均有各自的具体规定，要严格执行，从而确保设备安全运行。

7）做好设备的日常维护保养。设备的维护保养，是为防止设备劣化、保持设备性能而进行的以清扫、检查、润滑、紧固、调整等为内容的日常维修活动。各行业设备的维护保养内容有各自不同的规定，可根据实际需要进行。例如，该保暖的保暖，该降温的降温，该去污的去污，该注油的注油，使之保持安全运行状态。

8）做好设备运行中的检查。设备检查，一般分为日常检查和定期检查。日常检查是指操作人员每天对设备进行的定项、定时检查，有助于及时发现、消除设备异常，保障设备持续安全运行。定期检查是指由专业维修人员协同操作人员按期进行的检查。通过定期检查，查明问题，以便确定设备的修理种类和修理时间，从而消除设备异常状态，确保设备安全运行。

9）吸取事故教训，避免同类事故重复发生。设备事故发生之后，要按"四不放过"原则进行讨论分析，从中确认是设计问题、还是使用问题，是日常维护问题、还是长期失修问题，是技术问题、还是管理问题，是操作问题、还是设备失灵问题等，从而有针对性地采取安全防范措施，如健全安全规程，改进操作方法，调整设备检修周期，以及对老旧设备更新改造等，避免同类事故重复发生。

10）做好设备的更新改造。根据需要和可能，有步骤、有重点地对老旧设备进行更新改造，并按规定做好设备报废工作，是确保设备安全运行、提高经济效益的重要措施。设备使用至老化期，性能严重衰退，不仅影响正常生产，导致事故发生，而且由于延长了设备的使用时间，相应增加了检修次数和材料消耗，同时，精度降低也会导致质量事故。因此，该报废的设备必须报废。

（3）事故轨迹交叉理论

事故轨迹交叉理论是一种研究伤亡事故致因的理论。该理论可以概括如下：设备故障（或物的不安全状态）与人失误的轨迹交叉就会构成事故。在多数情况下，企业管理不善，人员缺乏教育和培训，或者机械设备缺乏维护、检修以及安全装置不完备，会导致人员的不安全行为或物的不安全状态。

轨迹交叉理论作为一种事故致因理论，强调人的因素和物的因素在事故致因中占有同样重要的地位。按照该理论，可以通过避免人与物两种因素运动轨迹交叉，即避免人的不安全行为和物的不安全状态同时同地出现，来预防事故的发生。

值得注意的是，许多情况下人与物又互为因果。例如，有时物的不安全状态诱发了人的不安全行为，而人的不安全行为又促进了物的不安全状态的发展或导致出现新的不安全状态。因而，实际的事故并非简单地按照上述的人、物两条轨迹进行，而是呈现非常复杂的因果关系。若设法排除机械设备故障、消除处理危险物质过程中的隐患或者消除人为失误和不安全行为，使两条事件链联锁中断，则两条运动轨迹不能相交，危险就不能出现，就可避免事故发生。

轨迹交叉理论突出强调的是砍断物的事件链，提倡采用可靠性高、结构完整性强的系统和设备，大力推广保险系统、防护系统和信号系统及高度自动化和遥控装置。这样，即使出现人为失误，安全闭锁等可靠性高的安全系统也可控制住物的因素的发展，完全避免伤亡事故的发生。实践证明，消除生产作业中物的不安全状态，可以大幅地减少伤亡事故的发生。

由事故轨迹交叉理论出发，控制事故可以采取以下措施：

1）防止人、物发生时空交叉。不安全行为的人和不安全状态的物的时空交叉点就是事故点，因此，预防事故的根本出路就是避免两者的轨迹交叉。防止时空交叉的措施类似于能量转移论提出的隔离、屏蔽措施。另外，也有单纯防止空间交叉或时间交叉的防护措施。例如，危险设备的联锁保险装置，电气维修中切断电源、挂牌、上锁、工作票制度属于防止时间交叉的措施。此外，维护和检修是保障机械设备正常运转的重要环节。因此，应坚持日常维护、检修制度，把物的不安全状态消灭在萌芽状态，减少因机械设备缺陷引发的事故。

2）控制人的不安全行为。人的不安全行为在事故形成的原因中占重要位置，但人的失误概率远远要比任何机械、电气、电子元件的故障概率大得多。

概括起来，控制人的不安全行为的措施主要如下：

1）职业适应性选择。选择合格的员工以适应职业的要求。工作的类型不同，对员工的要求也不同，在进行招工和作业人员配备时，应根据工作的要求认真考虑员工素质，特别是特殊工种，应严格把关，避免因生理、心理素质的欠缺而发生工作失误。

2) 创造良好的工作环境。创造良好的工作环境，首先要创造良好的人际关系。创造融洽和谐的同事关系、上下级关系，使工作集体具有凝聚力，这样才能使员工心情舒畅地工作，积极主动地相互配合。为此，企业要实行民主管理，使员工参与管理。良好的工作环境还应包括安全、舒适、卫生的生产作业环境。尽一切努力消除工作环境中的有害因素，使机械、设备、环境适合人的工作，使人适应工作环境。这就要按照人机工程的设计原则进行机械、设备、环境以及劳动负荷、劳动姿势、劳动方法的设计。

3) 加强教育与培训，提高员工的安全素质。实践证明，事故与员工的文化素质、专业技能和安全知识密切相关。因此，企业招工应根据我国普及教育的发展情况，提出对文化程度的具体要求，而且要对在职员工进行系统的继续教育，使他们进一步掌握必要的文化知识和专业知识。

（4）健全管理体制，严格管理制度。加强安全管理是有效控制不安全行为的有力措施。加强管理必须有健全的组织、完善的制度并严格贯彻执行。企业安全不仅是安全部门的事，而且是企业全体员工的事。因此，企业安全管理应当采取"分级管理、分线负责"的体制，使安全组织体系在企业系统中"横向到边、纵向到底"，层层把关、线线负责，形成全面安全管理的格局。

（5）班组讨论

1) 你知道事故轨迹交叉理论吗？你认为这个理论有道理吗？对于预防事故有帮助吗？

2) 你们企业开展过"合理化建议活动"吗？如果企业组织开展这样的活动，你准备参加吗？

3) 你在生产作业中，或在设备操作中，有没有发现可以改进的地方？你认为进行改进后对安全有帮助吗？

4）认真细致、注意观察，会发现生产作业中存在的事故隐患，你能够做到吗？

5）为了避免事故的发生，需要掌握相关安全生产方面的知识，你愿意参加学习吗？你愿意在业余时间主动学习吗？